U0260998

国家出版基金项目
NATIONAL PUBLICATION FOUNDATION

"十三五"国家重点图书出版规划项目

中国河口海湾水生生物资源与环境出版工程

庄 平 主编

杭州湾水生生物资源与环境

李 磊 蒋 玫 王云龙 主编

中国农业出版社

北 京

图书在版编目（CIP）数据

杭州湾水生生物资源与环境／李磊，蒋玫，王云龙
主编 . —北京：中国农业出版社，2018.12
中国河口海湾水生生物资源与环境出版工程／庄平
主编
ISBN 978-7-109-24657-7

Ⅰ.①杭⋯　Ⅱ.①李⋯ ②蒋⋯ ③王⋯　Ⅲ.①水生生
物－生物资源－生态环境－研究－杭州　Ⅳ.①Q178.1

中国版本图书馆 CIP 数据核字（2018）第 221957 号

中国农业出版社出版
（北京市朝阳区麦子店街 18 号楼）
（邮政编码 100125）
策划编辑　郑　珂　黄向阳
责任编辑　周锦玉

北京通州皇家印刷厂印刷　新华书店北京发行所发行
2018 年 12 月第 1 版　　2018 年 12 月北京第 1 次印刷

开本：787mm×1092mm　1/16　印张：12.75
字数：260 千字
定价：98.00 元
（凡本版图书出现印刷、装订错误，请向出版社发行部调换）

内容简介

本书主要依据 2011—2013 年中国水产科学研究院东海水产研究所承担的"东海区渔业生态环境监测"及"洋山港工程海域水生生态环境跟踪监测"等课题的调查数据和资料编写而成。内容包括：杭州湾海域浮游植物、浮游动物、底栖生物、潮间带底栖生物、鱼卵和仔鱼、游泳动物等水生生物资源的生态学基本特征、种类组成、数量分布的变动趋势；水生生物栖息环境的水温、盐度、pH、溶解氧、化学耗氧量、磷酸盐、无机氮、叶绿素 a、石油类、重金属等海洋水文、海洋化学因子的动态变化。对生物资源和栖息环境进行调查研究，可以掌握杭州湾水生生物资源与环境的现状和年际变动规律，为杭州湾的水产科学研究、渔业资源管理及可持续开发利用和环境保护提供科学依据。

丛书编委会

科学顾问　唐启升　中国水产科学研究院黄海水产研究所　中国工程院院士

　　　　　曹文宣　中国科学院水生生物研究所　中国科学院院士

　　　　　陈吉余　华东师范大学　中国工程院院士

　　　　　管华诗　中国海洋大学　中国工程院院士

　　　　　潘德炉　自然资源部第二海洋研究所　中国工程院院士

　　　　　麦康森　中国海洋大学　中国工程院院士

　　　　　桂建芳　中国科学院水生生物研究所　中国科学院院士

　　　　　张　偲　中国科学院南海海洋研究所　中国工程院院士

主　　编　庄　平

副 主 编　李纯厚　赵立山　陈立侨　王　俊　乔秀亭

　　　　　郭玉清　李桂峰

编　　委（按姓氏笔画排序）

　　　　　王云龙　方　辉　冯广朋　任一平　刘鉴毅

　　　　　李　军　李　磊　沈盎绿　张　涛　张士华

　　　　　张继红　陈丕茂　周　进　赵　峰　赵　斌

　　　　　姜作发　晁　敏　黄良敏　康　斌　章龙珍

　　　　　章守宇　董　婧　赖子尼　霍堂斌

本书编写人员

主　编　李　磊　蒋　玫　王云龙

编　者（按姓氏笔画排序）

王云龙　尹艳娥　平仙隐　田　伟　史赟荣　全为民

李　磊　李备军　杨杰青　沈盎绿　沈新强　张海燕

陈　涛　陈佳杰　陈海峰　陈渊戈　陈渊泉　罗民波

周　进　袁　骐　晁　敏　徐亚岩　高　倩　康　伟

蒋　玫　鲁　超　廖　勇

丛书序

中国大陆海岸线长度居世界前列，约 18 000 km，其间分布着众多具全球代表性的河口和海湾。河口和海湾蕴藏丰富的资源，地理位置优越，自然环境独特，是联系陆地和海洋的纽带，是地球生态系统的重要组成部分，在维系全球生态平衡和调节气候变化中有不可替代的作用。河口海湾也是人们认识海洋、利用海洋、保护海洋和管理海洋的前沿，是当今关注和研究的热点。

以河口海湾为核心构成的海岸带是我国重要的生态屏障，广袤的滩涂湿地生态系统既承担了"地球之肾"的角色，分解和转化了由陆地转移来的巨量污染物质，也起到了"缓冲器"的作用，抵御和消减了台风等自然灾害对内陆的影响。河口海湾还是我们建设海洋强国的前哨和起点，古代海上丝绸之路的重要节点均位于河口海湾，这里同样也是当今建设"21世纪海上丝绸之路"的战略要地。加强对河口海湾区域的研究是落实党中央提出的生态文明建设、海洋强国战略和实现中华民族伟大复兴的重要行动。

最近 20 多年是我国社会经济空前高速发展的时期，河口海湾的生物资源和生态环境发生了巨大的变化，亟待深入研究河口海湾生物资源与生态环境的现状，摸清家底，制定可持续发展对策。庄平研究员任主编的"中国河口海湾水生生物资源与环境出版工程"经过多年酝酿和专家论证，被遴选列入国家新闻出版广电总局"十三五"国家重点图书出版规划，并且获得国家出版基金资助，是我国河口海湾生物资源和生态环境研究进展的最新展示。

该出版工程组织了全国 20 余家大专院校和科研机构的一批长期从事河口海湾生物资源和生态环境研究的专家学者，编撰专著 28 部，系统总结了我国最近 20 多年来在河口海湾生物资源和生态环境领域的最新研究成果。北起辽河口，南至珠江口，选取了代表性强、生态价值高、对社会经济发展意义重大的 10 余个典型河口和海湾，论述了这些水域水生生物资源和生态环境的现状和面临的问题，总结了资源养护和环境修复的技术进展，提出了今后的发展方向。这些著作填补了河口海湾研究基础数据资料的一些空白，丰富了科学知识，促进了文化传承，将为科技工作者提供参考资料，为政府部门提供决策依据，为广大读者提供科普知识，具有学术和实用双重价值。

中国工程院院士　唐启升

2018 年 12 月

前　言

　　水生生物是生活于海洋和内陆水域中各类动物、植物和微生物的统称，是一个庞大而复杂的生态类群，是人类生存发展极其重要的资源基础和前提。以水生生物为主体的水生生态系统，在维系自然界物质循环、净化环境、缓解温室效应等方面发挥着重要作用。水生生物和水环境有着密不可分的联系。我国海域辽阔，为海洋水生生物提供了良好的繁衍空间和生存条件。由于人类的开发活动和全球环境的变化，水生生物资源也处在不断变化之中。水环境受到外来物质的污染，必定对水环境中的生物个体、种群以及群落产生影响，从而使其生态系统发生变化，包括其生态系统内部的固有种群在数量、物种组成，以及生态系统稳定性和多样性上都有变化。在陆地资源日益枯竭的21世纪，开发、利用和养护水生生物资源，保护其栖息环境，已成为世界各国政府和社会各界关注的重大课题。

　　杭州湾位于钱塘江河口区的滨海段，同时受到长江冲淡水、浙江沿岸流及北上的台湾暖流共同作用，营养物质丰富，水质肥沃，饵料生物丰富，水文环境适宜，是多种经济鱼类、虾类、蟹类，以及其他水生生物繁殖、索饵、生长的良好场所。因其特殊的地理位置，杭州湾水生生物物种多样性及开发利用吸引了国内外众多科研机构竞相关注。

　　杭州湾水生生物资源与环境的研究工作始于20世纪80年代，国家海洋局曾组织有关科研单位在1981—1986年中国海岸带和海涂资源综合调查资料的基础上，针对杭州湾的海洋水文、气象、海底沉积物、海水化学、生物资源和自然环境及开发利用进行了较大范围的研究和评价，撰写了《中国海湾志》（第六分册）。2004 年，国家海洋局又在我国近岸海域部分生态脆弱区和敏感区建立了生态监控区，杭州湾生态监控区就是其中一个海湾生态的典型代表，监控面积达到 500 km²，对区域内的生态环境、水生生物资源进行了持续监测。此外，2010 年以来，亦有不少学者对杭州湾部分海域的水生生物和生态环境开展了一些研究工作，但由于数据分析处理手段及调查范围尚不能形成系统全面的资料和图件，无法全面反映杭州湾水生生物资源和环境的现状和变化趋势。

2000 年以来，随着杭州湾沿岸经济的迅速发展，杭州湾沿岸大中型企业密集，有毒有害物质及低核辐射废水通过不同途径排入湾内，水体富营养化程度加剧，使生态环境、水生生物资源受到影响；各类围填海工程造成一些独特的海洋生态系统，如滩涂湿地等遭到严重破坏甚至消失，生态系统稳定性降低，水体自净能力下降；杭州湾环境污染和滥捕导致生物资源的衰退和崩溃，许多种类已濒临灭绝。人类活动已导致杭州湾海洋生物多样性减少，生物群落结构发生改变，生态平衡失调，生物资源质量严重下降，渔业资源面临枯竭，严重影响了杭州湾生物资源的发展和利用。如何保护杭州湾水生生物资源和生态环境，科学、合理、持续地开发利用海洋生物资源，是关系社会、经济长远发展的一个重要战略问题。因此，必须尽快摸清杭州湾水生生物资源与栖息环境的基本现状及变化，才能更好地服务于杭州湾水生生物资源的保护与开发利用管理决策。21 世纪是海洋的世纪，党的十八大作出了建设海洋强国的重大部署，海洋科技创新与海洋资源利用进入一个新时期，实现海洋生态环境质量的整体改善，建设海洋生态文明是未来海洋经济发展的重要目标。

2011—2013 年，中国水产科学研究院东海水产研究所承担了"东海区渔业生态环境监测"研究工作，同时就"洋山港工程海域水生生态环境监测"课题开展工作。从生物资源学、环境生态学角度出发，针对杭州湾海域的浮游植物、浮游动物、底栖生物、潮间带底栖生物、鱼卵和仔鱼、游泳动物开展调查、监测，评价了杭州湾水生生物资源的物种多样性、资源量、分布特征、时空变迁及环境生态状况，并从物理和化学角度对生物栖息环境，包括海洋水文、海水化学、海洋沉积物等进行了连续 3 年的调查研究工作，共进行了 6 个航次、13 个监测站位的同步调查，比较客观地掌握了杭州湾近些年的水生生物资源、生态环境的动态变化规律，为杭州湾的环境治理和水生生物资源保护提供了可靠、翔实的数据资料。

　　参加本次调查研究的科研人员共 30 多人，涵盖化学海洋学、生物海洋学、物理海洋学、渔业资源学等海洋与渔业学科的多个领域。本书的外业调查、资料获取和分析、数据处理、图表绘制和报告编写工作都是全体科研人员共同努力的结果，是一项集体的劳动成果。在此，谨向参与本课题调查、研究工作和对本书出版给予热情支持、帮助的单位、领导、专家和广大科技人员表示诚挚的谢意。

编　者

2018 年 8 月

目　录

第一章
自然地理和水生生物资源概况

一、地理位置

杭州湾位于浙江省北部、上海市南部，东临舟山群岛，西有钱塘江注入。地理意义上的杭州湾包括上海市南部和浙江省的嘉兴、绍兴、杭州、宁波等海岸带以及部分海域，其东界为南汇芦潮港灯标（30°51′30″N、121°50′42″E）至镇海甬江口南长跳咀（29°58′27″N、121°45′51″E），西界为澉浦长山东南角（30°22′22″N、120°54′30″E）至慈溪市西三闸（30°16′06″N、121°04′20″E）（表1-1）（中国海湾志编纂委员会，1993）。湾口北部与长江口相毗连，南部有甬江注入，东部通过星罗棋布的舟山群岛间诸水道与东海相通。杭州湾东西长约90 km，湾口宽约100 km，湾顶澉浦断面宽约21 km，面积约5 000 km²，其中岸线至理论基准面以上滩涂面积约550 km²，钱塘江河口段滩涂面积约440 km²（图1-1）（张海波，2009）。

表1-1　杭州湾起迄地点位置

界限		地理位置	东经	北纬
东界	北岸	南汇芦潮港	121°50′42″	30°51′30″
	南岸	镇海甬江口南长跳咀	121°45′51″	29°58′27″
西界	北岸	澉浦长山东南角	120°54′30″	30°22′22″
	南岸	慈溪市西三闸	121°04′20″	30°16′06″

杭州湾是冰川后期海平面上升淹没下切河谷而逐渐形成的，经历6 000年左右演变才形成现今巨大的喇叭形河口湾。它的形成、演变与长江三角洲的发育、演化是密切相关的，距今6 000年左右本区形成最大海侵，现今长江三角洲与杭州湾相连成一片汪洋，姚北诸山也孤悬于海中。此后长江和钱塘江分别开始在它们的河口发育河口沙嘴，长江几倍于钱塘江的强大输沙力使得长江南岸河口沙嘴快速伸展。距今2 000年前，已经到了金山、奉贤，前端已伸到王盘山。随着长江三角洲南岸沙嘴的发展，漏斗形的杭州湾逐渐发展成形，随着河口湾形状的改变，水动力也发生相应的变化，造成湾内北岸侵蚀为主，而南岸淤积前展为主，这一基本格局一直持续到现在（陈吉余，1989；张桂甲和李从先，1996；李保华，2005；朱玉荣，2000）。喇叭形的河口湾纵向不断加长，湾口两岸距离增大，而湾顶不断缩窄，漏斗效应相应增强，潮差不断增大。

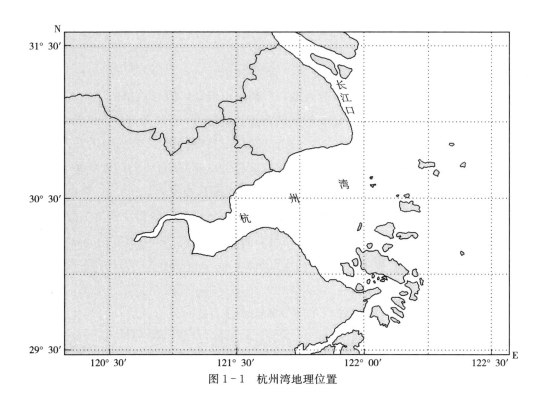

图 1-1 杭州湾地理位置

二、地质地貌

杭州湾两侧是以火山岩为主的低山丘陵区，大多为侏罗-白垩系地层组成，砾性土与黏性土交替出现，具有明显的韵律变化，早-中更新世以河湖相沉积为主，晚更新世及全新世逐渐出现滨海-浅海相、潟湖相沉积。杭州湾地貌系统的沉积形态类型包括陆地的侵蚀剥蚀丘陵、冲积平原、湖积平原、三角洲平原、海积平原；潮间带的河口边滩和潮滩；水下的河口沙坎、潮流槽脊系、湾口浅滩等（冯应俊和李炎，1990）。

杭州湾内有 57 个岛屿，其面积为 5.2 km²，这些岛屿多归属于上海市和浙江省舟山市管辖。在杭州湾北部有大金山、小金山、外浦山、菜荠山和白塔山等岛屿；在杭州湾中部有大白山、小白山、滩浒山和王盘山等岛屿；在杭州湾中部偏南有七姐八妹列岛的东霍山、西霍山、大长坦山和小长坦山等岛屿；在杭州湾南部有七星屿和澥浦泥螺山等岛屿；在杭州湾口附近有大戟山、小戟山、崎岖列岛和金塘岛等岛屿。

杭州湾是一个泥沙（主要来自长江口）不断补给的淤积性河口湾，人类活动（治江缩窄、围涂、建码头、建桥等）在一定程度上加剧了其淤积速度（黄广，2007；堵盘军，2007）。历年水下地形资料表明，自 1959 年以来，杭州湾海域共有 35 亿 m³ 淤积量，平均淤积率约 0.14 m/年。杭州湾两岸多为平直的淤泥质海岸，海岸线长 258.49 km，其中人工及淤泥质岸线 217.37 km，河口岸线 22.08 km，基岩及沙砾岸线 19.04 km（谢东风等，2013）。杭州湾滩涂资源十分丰富，但分布不均，南岸、北岸滩涂资源量的比例约为 8∶2，地域间滩涂资源量差异明显。北岸岸线西起秦山核电站，向东经海盐、乍浦、上海石油化工总厂，直至金山嘴，全长 59 km，总体向北弯曲呈弧形。1958 年以来，侵蚀作用一直没有停止。杭州湾南岸指庵东平原的前缘地带，西起西三闸，向东经庵东至海王山，全长 56 km，南岸潮滩范围宽广，坡度平缓，和岸线一样，向北弯曲呈扇形，由于潮流主流线偏北岸运行，远离主流线的南岸成了隐蔽的落淤地带，长期以来淤涨北推，是典型的淤积海岸（谢钦春和李全兴，1992；杨金中 等，2002）。

杭州湾是典型的喇叭形强潮河口湾，湾口经舟山群岛间的潮汐通道与东海相连，湾顶与钱塘江河口的弯曲河道相接，在澉浦—西三闸以西，是地形高程（吴淞高程系），普遍高于 -5 m 的沙坎区；沙坎区外至金山—王盘山—七姐妹一线，是高程为 -12～-7 m、起伏度大于 3 m、以长条形的潮流脊和冲刷槽（带）为特征的潮流槽脊区；其东侧是地形高程 -10 m 上下、起伏很小的平缓堆积区。因此，杭州湾湾底地貌多变，深槽和浅滩时有发育，北侧金山卫—乍浦的沿岸海底有一巨大的冲刷槽，最深约 40 m。湾底形态总体上自湾口至乍浦地势平坦，从乍浦起，以 0.01%～0.2% 的坡度向西抬升，在钱塘江河口段形成巨大的沙坎（冯应俊和李炎，1990）。杭州湾北岸为长江三角洲南缘，沿岸深槽发育，南岸为宁绍平原，沿岸滩地宽广。湾底的地貌形态和海湾的喇叭形特征，使这里常出现涌潮或暴涨潮。杭州湾表层沉积物也表现出相应的区域变化，沙坎区以粉砂为主，潮流槽脊区以粗粉砂和细砂为主，平缓堆积区以黏土质粉砂为主，从河口至湾口，形成"中—粗—细"的粒度变化。

三、气候

（一）风

杭州湾位于副热带季风气候区，风向主要表现为季风特征。冬季一般为偏北风，其中 1 月刮西北偏北风，12 月、2 月主要以静风和南风为主。夏季为偏南风，其中湾口区盛行东南风，而湾顶则为西南风。春、秋季是冬夏季风的过渡季节，其中春季是冬季风转为夏季风的过渡时期，但由于春季气旋、反气旋和锋面的活动频繁，故风向多变，且风速较大；而秋季，则是夏季风转为冬季风的过渡时期，与春季对照，风向同春季一样呈复杂多变的态势，但风速小于春季（杨士瑛和国守华，1985）。杭州湾地区平均风速具有明显的地理分布特点，即湾口的平均风速要大于湾顶。杭州湾地区平均风速分布的另一特征是其年变化湾口大于湾顶。但由于受移动性气旋和反气旋、锋面活动和局地地理因素的影响，又不同程度地削弱了季风特征，而形成局地的特殊风向。

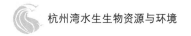

（二）气温

杭州湾地处亚热带地区，南北纬度仅跨1°，太阳辐射的地理差异很小，故区域内气温差异一般不大，年际间变化也不大，但由于海洋的调节作用，湾口夏季的气温要低于湾顶，而冬季呈现出湾口高于湾顶的趋势。杭州湾区多年平均气温为15.7～16.1 ℃，其中夏季是一年中的高温季节，最高的月平均气温一般出现在7月，个别站位出现在8月，极端最高气温可达40.5 ℃。冬季杭州湾地区由于经常受到西伯利亚冷高压南侵的影响，尤其在受到强寒潮影响时，不仅降温幅度大（达10 ℃左右），而且持续时间长，是一年中气温最低的季节，极端最低气温低至−15.0 ℃。春、秋两季是过渡季节，秋温多年平均值为17.5～19.1 ℃（10月），春温多年平均值为13.5～16.0 ℃（4月）（杨士瑛和国守华，1985）。

（三）降水

杭州湾是一个多雨地区，年降水量几乎都在1 000.0 mm以上，降水主要集中在3—9月，占全年降水量的75％左右，年降水日数在145 d左右。杭州湾雨季大体可分为两个时期。第一个雨期为梅雨期，杭州湾平均每年6月10日前后入梅，7月10日前后出梅，这个时期正是从晚春到夏季的过渡时期。此时，冷暖空气频繁交锋，形成"梅雨锋系"，造成了连绵不断的大面积降水。杭州湾月平均降水量为159.0 mm左右，占全年降水量的15％左右，占整个雨季降水量的34％左右。第二个雨期在每年的8月下旬至9月，这时期的降水主要受热带系统的影响，并和冷空气结合，故雨量多而集中，月平均降水量为148.0 mm左右，占雨季降水量的28％左右（杨士瑛和国守华，1985）。

（四）湿度

杭州湾全年空气比较湿润，年平均相对湿度为78％～83％。就季节分布而言，夏季杭州湾上空盛行偏南气流，它从热带海洋上带来了充沛的水汽，但因此时正值高温季节，故其相对湿度不是很大，最大相对湿度出现在6月，这是因为6月正值梅雨季节。冬季本区由于受极地干燥的大陆气团所控制，相对湿度是一年中最小的季节（杨士瑛和国守华，1985）。春、秋两季是暖湿空气与干冷空气相互交替的季节，相对湿度的分布呈现出低于夏季、高于冬季的趋势。

（五）雾

杭州湾地区的雾以平流雾和辐射雾为主，年平均雾日为19.4～37.1 d，大多集中在春季（3—5月）和冬季（12月至翌年2月）。春季由于正是本区气旋活动频繁、暖湿空气最活跃的时期，因而以平流雾为主。秋冬为辐射雾。夏季是一年中出雾最少的季节，月平均雾日为1.5 d左右；秋天次之，月平均雾日为2 d左右（杨士瑛和国守华，1985）。

（六）台风及雷暴

杭州湾产生大风的主要天气形势是寒潮、台风以及气旋、反气旋、锋面等移动性天气系统。冬季寒潮袭击时，风力可达9级，夏季台风影响时，风力可达12级以上，台风影响本区的时间为6—9月，以7、8月最多。杭州湾地区的雷暴日数全年大致为30～45 d，雷暴一般始于3月上、中旬，终于10月中旬，雷暴日数以7、8月最多（杨士瑛和国守华，1985）。

四、水文

（一）平均海平面

杭州湾多年平均海平面以中部的乍浦最高，向湾口和湾顶方向变小，不同于一般港湾区由湾口向湾顶渐高的规律（郭艳霞，2005）。

（二）潮汐

1. 潮波

杭州湾的潮运动能量来自外海潮波。由于水域面积较小，由天体引潮力直接产生的天文潮很微弱，太平洋潮波传至东海后，其中一小部分进入杭州湾内。大洋的半日潮波由东南向西北方向传播，在舟山附近受阻碍而偏转向西，几乎与纬线平行，在湾内其同潮时线呈弧形。南北两岸发生高潮早于湾中央，杭州湾的日潮波是自湾口北端从东北方向转入湾内，全日分潮高潮时北岸较南岸早、湾口外大山一带等值线明显弯曲。杭州湾是以半日潮波为主的海区，M_2分潮波走向反映了该区潮波的主要性质，潮波在湾内传播过程中，波形和结构发生变化，潮波振幅急剧增大，波形畸变，波峰前波陡直、后波平缓，湾口镇海、芦潮港多年平均潮差分别为1.76 m和3.17 m。进入澉浦后由于江面狭窄及存在巨大的沙坎，在尖山附近发展成钱塘江涌潮，大潮差甚至达到8 m以上，南、北岸平均高潮位由湾口向湾顶沿程增高，而平均低潮位湾口至湾顶沿程降低，因而潮差向湾顶增大。由于北岸深槽逼岸，南岸水浅滩宽，在浅水效应及海岸反射作用的影响下，北岸的高潮位比南岸高，低潮位则相反，因而潮差北岸比南岸大，这种差异由湾口向湾顶逐渐减小。外海潮波进入河口区内由于受摩阻、岸边阻挡反射和径流的顶托等因素影响而导致涨潮历时缩短，落潮历时加长，而出现潮波变形（章渭林，1989；曹颖和林炳尧，2000；曹永芳，1981；耿姗姗，2011）。

2. 潮汐性质

杭州湾平均水深仅10 m左右，浅海风潮显著，甬江口附近属不正规半日潮海区，大山附近海域属于正规半日潮海区，湾内大部分海区属于浅海半日潮类型。杭州湾沿岸潮位的日不等现象比较明显，半日潮与全日潮的相位差，澉浦、乍浦和芦潮港分别为 345°、342°和 343°，出现高潮不等；镇海的相位差为 297°，出现高潮、低潮不等（曹颖和林炳尧，2000）。

（三）潮流

杭州湾的潮流纯属往复流性质，由于湾口岛群和水下地形的控制，具体流向有所改变，湾内涨潮主流偏北，落潮主流偏南。湾内落潮历时，除镇海外普遍大于涨潮历时。北岸涨潮流速大于落潮流速，南岸落潮流速大于涨潮流速。杭州湾水浅，海底地势平坦，但呈喇叭形，地形的集能作用使湾内潮流速和潮差向湾顶递增，潮流速在湾口约为 2 m/s，向湾内增加，至湾顶可达到 4 m/s 以上，基本属于强潮流区，且涨落潮流速皆是越往上游数值越大，表层流速大于底层流速。潮流性质方面，除了南汇嘴有一小区域外，杭州湾皆属于半日潮流海区，杭州湾涨落潮时间由湾口向湾顶逐渐推迟，不论涨落，湾口与湾顶皆有 2 h 时间差（张桂甲和李从先，1996）。

（四）余流

杭州湾的余流比较小，在湾内表层余流主要呈东北偏东向，与北岸走向平行，显示了钱塘江径流的入海途径。湾口附近余流多呈东南或西南向。底层余流在湾内与表层余流相仿，在湾口北部主要向北流动，与表层方向相反，在湾口南侧，则以由外海入湾的海流为主，属补偿性质（邹涛，2008）。

（五）波浪

杭州湾是面向东海的半封闭海湾，湾口南部有舟山群岛等众多的岛屿屏障，来自外海的东南向浪不易传入，即使传入，强度也被削弱；湾口北部无大的岛屿，来自外海的东北偏东和东北向浪可直接传入，但传向背离杭州湾北岸。湾口南岸受外海偏北风浪影响，涌浪比例较大，使镇海附近海域偏北向浪频率明显大于其他方向。杭州湾内的波浪以风浪为主，其中乍浦、滩浒附近海域的纯风浪频率高达 95% 以上。杭州湾东部波浪大于西部，年平均波高和周期湾东部比西部大 1 倍左右，除湾口外，湾内平均波高的季节变化不明显，台风和寒潮大风是杭州湾出现大波高的主要天气现象（茹荣忠和蒋胜利，1985；张伯虎和曹颖，2013；王建华 等，2013）。

（六）悬沙

直接注入杭州湾的河流有钱塘江、曹娥江和甬江，年均入海沙量为 823.3×10^4 t。钱塘江的泥沙大量沉积于七里泷至闸口的途中，流入河口湾的泥沙极为稀少。杭州湾虽不直接汇入长江的水流，但长江入海后，在沿岸流和涨潮流共同作用下，长江源的泥沙对杭州湾的影响反而比钱塘江更为重要。

杭州湾悬沙中值粒径为 5 196～7 138 μm，从下游向上游变粗，含沙量纵向分布由东向西逐渐增大，芦潮港、金山、乍浦和澉浦断面平均含沙量分别为 1.99 kg/m³、2.19 kg/m³、2.31 kg/m³、3.21 kg/m³，变化趋势与潮差和涨潮流速基本一致，潮流是输沙的主要动力（张桂甲和李从先，1996）。杭州湾含沙量的横向分布有一定的规律，湾口断面北高（3.00 kg/m³）南低（1.45 kg/m³），湾中金山乍浦断面北低（0.85 kg/m³）、南高（3.70 kg/m³），湾顶澉浦断面最高达 3.00～4.00 kg/m³。杭州湾平均含沙量明显存在 3 个高值区和 2 个低值区，3 个高值区分别位于湾顶沙坎区、庵东浅滩前缘水域和湾口北部南汇嘴滩地前缘水域，后 2 个高值区常沿南汇嘴—庵东浅滩连线方向融合成带，成为发育于河口湾锋面附近的高含沙量带；两个低值区相对稳定地分布在该高含沙量带两侧。杭州湾含沙量季节性变化十分明显，冬季（12 月至翌年 2 月）含沙量较高，夏季（7—9 月）含沙量较低，前者是后者的 2～3 倍，春、秋季节介于这两者之间，水文年内似有周期性变化（孔俊，2005；黄广，2007；堵盘军，2007）。

（七）盐度

盐度是比较保守的水文要素，其分布和变化主要受制于海流和径流，杭州湾至舟山岛水域，等盐度线是顺东北—西南向呈蛇形分布。总体上，杭州湾盐度从里到外朝东南方向渐增，盐度平面分布为南高北低、东高西低，盐度 13.30～24.67（耿兆铨 等，2000）。其中，杭州湾南部，等盐度线弯向湾里；杭州湾中部，等盐度线弯向湾外；杭州湾中部偏北区的等盐度线也有向湾里微弯趋势。东北部水域盐度较低，主要受长江入海径流的影响；东南部水域盐度较高，主要与浙江沿海高温高盐的台湾暖流影响有关。冬季，由于季风作用，沿岸低盐水顺岸南下，加之此时台湾暖流对近岸影响相对较弱，整个浙江沿海呈低盐分布；另外，由于钱塘江河口径流作用，杭州湾中部以西，等盐度线渐趋稀疏，夏季是台湾暖流强盛时期，与此同时，长江冲淡水主轴为东北向西南，加上偏南风的作用，使沿岸低盐水对浙江沿海影响微弱，但在贴岸或河口附近水域，仍为低盐水控制。由于杭州湾北部海区西面为钱塘江河口，北与长江口相邻，因此其水域盐度梯度一年四季均为最大区。盐度等值线在澉浦以上，几乎为南北向；澉浦以东，则为西南—东北走向。杭州湾内，由于受降水影响相对较小，盐度基本呈现年周期变化，日变化则主要受潮汐影响；长江河口内盐度受径流的洪枯期影响，年内盐度变化较大，洪水汛期冲淡水对杭州湾北岸水域盐度有较大影响（倪勇强 等，2003；张伯虎和曹颖，2013）。

五、水质

近年来，杭州湾水质一直较差，处于四类水质水平。无机氮、活性磷酸盐浓度总体呈上升趋势，是海水的主要污染物之一。杭州湾整体上处于严重的富营养化状态（浙江省海洋与渔业局，2015；国家海洋局，2015）。富营养化状态指数中无机氮占优势，其次为生化需氧量（秦铭俐 等，2009）。溶解氧含量为 7.4～8.9 mg/L，呈逐年下降趋势。pH为 7.00～8.11，处于正常范围。透明度为 0.1～0.4 m，悬浮物中泥沙等无机颗粒是其主要影响因素。整体来看，杭州湾内湾污染大于外湾污染，内湾以无机氮和活性磷酸盐污染最为严重，外湾主要的污染物虽然也是无机氮和活性磷酸盐，但其含量要低于内湾（贾海波 等，2014；焦俊鹏，2001）。

六、底质

底质是矿物、岩石、土壤的自然侵蚀，生物活动及降解有机质等过程的产物，污水排出物和河（湖）床底母质等随水迁移而沉积在水体底部的堆积物质的统称。一般不包括工厂废水沉积物及废水处理厂污泥。底质是水体的重要组成部分。杭州湾底质的分布是在水流作用下经过长期搬运、分选和沉积的结果，杭州湾底质以细颗粒泥沙为主，尤以粉砂和泥质粉砂分布范围最广（董永发，1991）。泥质粉砂是杭州湾的主要底质类型，分布范围最广，主要分布区域从大金山—七姐妹线以东，到杭州湾口东北部和长江口东南相连接的广大海域内，中值粒径一般 6.00～8.00 μm，分选较差（董永发，1991；张伯虎和曹颖，2013）。粉砂是杭州湾的另一重要底质类型，主要分布区域在王盘山以西和以北的海域，以及南部七姐妹浅滩周围，在庵东滩地的前缘及湾顶澉浦附近都有分布，中值粒径 5.00～6.00 μm，一般分选较好。细砂是杭州湾内最粗的一种底质类型，主要分布于王盘山东南到七姐妹之间的浅水地带；另外，在乍浦到金山嘴近岸深槽区内也有少量分布，中值粒径 3.00～4.00 μm，分选很好。粉砂质泥是杭州湾内最细的底质类型，中值粒径 7.50～9.00 μm，主要分布在湾口的东北部，在泥质粉砂区域内呈斑点状分布，此外在北部深潭地区也有零星分布。深潭地区局部出露的粉砂质泥，是由于水流强烈冲刷，早期沉积的物质直接出露的结果，这种物质颗粒极细，以青灰色和深灰色为主，质地较致密（刘朝 等，2016；刘朝，2016）。

七、湿地

杭州湾湿地区域总面积约为 41.40 万 hm²，自然湿地面积约为 5.9 万 hm²。湿地主要土壤类型为滨海盐土类的潮滩盐土亚类，下属滩涂泥土 1 个土属，粗粉砂涂、泥涂和砂涂 3 个土种，在海岸线内侧还分布有滨海盐土、潮土、水稻土等土类。杭州湾自然湿地类型以浅海水域和其间淤泥海滩为主，其他尚有潮间盐水沼泽、岩石性海岸和溪河流域等。人工湿地类型多样，主要有水田、水产养殖池、滩涂水库和盐田四类。其中，星罗棋布的滩涂水库是杭州湾南岸湿地的一大特点，对维护区域生态环境和鸟类的多样性起了重要作用（吴明，2004；周燕 等，2009）。杭州湾湿地具有丰富的生物多样性，河口性鱼类丰富，是多种降河性洄游鱼类产卵生活的场所，盛产鳗苗；冬季水鸟富集，以雁鸭类和鹬类为主，特别是慈溪三北浅滩，是多种冬候鸟在浙江的主要越冬地和多种候鸟迁徙的重要驿站，也是浙江海岸湿地水鸟资源最集中的地区（高欣，2006）。杭州湾河口海岸湿地植被共有 5 个主要群落类型，以互花米草群落、海三棱藨草群落和芦苇群落居优势。杭州湾湿地处于海洋、淡水、陆地间的过渡区域，具有明显的稀缺性特征，区域内自然资源、自然环境和人类开发活动的相互作用活跃，容易受自然因素和人为因素的干扰影响，生态系统的不稳定性和脆弱性表现极为突出，是典型的生态环境脆弱区域（吴明，2004；蒋科毅 等，2013）。

八、水生生物资源概况

杭州湾所处地理位置特殊，北侧与长江入海口相邻，东侧为著名的舟山渔场，是钱塘江的入海通道。水文环境受由钱塘江、曹娥江、长江等径流所形成的江浙沿岸流及台湾暖流的影响，加上湾底特殊的地貌形态特征及海湾的喇叭形特征，常出现涌潮现象，使得杭州湾海域营养物质丰富、水质肥沃、饵料生物丰富、水文环境适宜，成为多种经济鱼类、虾类、蟹类以及其他水生动物繁殖、索饵、生长的良好场所。杭州湾的水生生物资源按其生活方式可主要分为浮游植物、浮游动物、底栖动物、鱼类、虾类、蟹类以及其他渔业资源。

（一）浮游植物

浮游植物是海洋动物及其幼体的直接或者间接饵料，是海洋初级生产力的基础，对海洋生物资源的变化起着极为重要的作用。杭州湾近岸浮游植物主要以沿岸广温性和广盐性种类为主，还有一定数量外洋性种类和底栖附着性种类，可以分为淡水类群、河口半咸水类群、近岸低盐性类群、热带近岸性类群、冷水近岸性类群、外海高盐性类群、近岸广布性类群、热带外海高盐性类群等类型（蔡燕红，2006；蔡燕红和张海波，2006）。

其中，淡水类群主要是绿藻门和硅藻门中的一些种类，代表种有集星藻（*Actinastrum hantzschi*）、柱状栅裂藻（*Scenedesmus bijuga*）、斜生栅裂藻（*Scenedesmus obliquus*）、格孔盘星藻（*Pediastrum clathratum*）、格孔单突盘星藻（*Pediastrum simplex* var. *clathratum*）、单角盘星藻（*Pediastrum simplex*），以及小环藻属（*Cyclotella*）中的一些种类。这些种类出现在盐度较小的钱塘江口，是钱塘江径流的指示种类。河口半咸水类群主要代表种有具槽直链藻（*Melosira sulcata*）、颗粒直链藻（*Melosira granulata*）、颗粒直链藻狭型变种（*Melosira granulata* var. *angustissima*）、奇异菱形藻

（*Nitzschia paradoxa*）。近岸低盐性类群主要代表种有菱形海线藻（*Thalassionema nitzs-chioides*）、尖刺菱形藻（*Nitzschia pungens*）、窄隙角毛藻（*Chaetoceros affinis*）、冕孢角毛藻（*Chaetoceros subsecundus*）、中华盒形藻（*Biddulphia sinensis*）、三角角藻（*Ceratium tripos*）、梭形角藻（*Ceratium fusus*）等。其中，窄隙角毛藻主要密集在盐度18～30附近海域，其出现频率和数量在丰水期都比枯水期高，夏季水温适合该种的繁殖，主要制约因子为盐度，低盐和高盐都不适合该种的大量繁殖。窄隙角毛藻和梭形角藻等部分近岸低盐性种的生态型与河口半咸水类群相同。热带近岸性类群代表类主要有洛氏角毛藻（*Chaetoceros lorenzianus*）、掌状冠盖藻（*Stephanopyxis palmeriana*）、菱软几内亚藻（*Guinardia flccida*）、洛氏角毛藻（*Chaetoceros lorenzianus*）、三舌辐裥藻（*Actinoptychus trilingutatus*）等。冷水近岸性类群主要代表种有无沟角毛藻（*Chaetoceros hotsaticus*）、聚生角毛藻（*Chaetoceros sosclatis*）。近岸广布性类群主要代表种有中肋骨条藻（*Skeletonema costatum*）、丹麦细柱藻（*Leptocylindrus danicus*）、卡氏角毛藻（*Chaetoceros ceratosporus*）、爱氏角毛藻（*Chaetoceros eibenii*）、刚毛根管藻（*Rhizosolenia setigera*）等。其中，中肋骨条藻是杭州湾的突出优势种。外海高盐性类群主要代表种有并基角毛藻（*Chaetoceros decipiens*）、辐射圆筛藻（*Coscinodiscus radiatus*）、笔尖形根管藻（*Rhizosolenia styliformis*）、距端根管藻（*Rhizosolenia calcaravis*）、聚生角毛藻（*Chaetoceros socialis*）等。热带外海高盐性类群主要代表种有地中海指管藻（*Dactyliosolen mediterraneus*）、铁氏束毛藻（*Trichodesmium thiebaultii*）等，该类群种类和数量均较少，未能形成优势。海洋广布性类群主要代表种有布氏双尾藻（*Ditylum brightwellii*）、中心圆筛藻（*Coscinodiscus centralis*）、线形圆筛藻（*Coscinodiscus lineatus*）、洛氏菱形藻（*Nitzschia lorenziana*）、伏氏海毛藻（*Thalassiothrix frauenfeldii*）、豪猪棘冠藻（*Corethron hystrix*），以及甲藻门中的一些种类，其分布格局与一般温带近岸种类似，布氏双尾藻在3月和5月细胞密度较大，成为当季的优势种。就整个杭州湾而言，浮游植物群落特点为优势种类明显，优势度较大，主要优势类群为硅藻，主要优势种为中肋骨条藻、布氏双尾藻、琼氏圆筛藻（*Coscinodiscus jonesianus*）、虹彩圆筛藻（*Coscinodiscus oculusiridis*）等。

受杭州湾复杂的水系分布变化等环境因素的影响，杭州湾浮游植物细胞密度的平面分布不均匀，通常具有明显的斑块分布现象，浮游植物细胞密度在湾顶小于湾口，南岸浮游植物细胞密度高于北岸。杭州湾浮游植物细胞密度呈现逐渐减小的趋势。杭州湾浮游植物多样性在湾顶大于湾口，湾顶的均匀度平面分布比湾口均匀，浮游植物的丰度在湾口较大、湾顶较小。

（二）浮游动物

浮游动物是海洋主要的次级生产者，其种类组成、数量分布及种群数量变动直接或间接制约着生产力的发展（Graneli，1999）。由于受沿岸低盐水、中部低温高盐水和台湾暖流的影响，杭州湾近海浮游动物大致可分为淡水种类、半咸水性河口种类、低盐近岸种类、温带外海种类、热带外海种类等（黄备 等，2010；蔡燕红 等，2006；朱启琴，1988）。其中，淡水种类主要代表种有腹突荡镖水蚤（*Neutrodiaptomus genogibbosus*）、尾刺斧镖水蚤（*Dolodiaptomus spinicaudatus*）、近邻剑水蚤（*Cyclops vicinus*）等。咸水性河口种类主要代表种有虫肢歪水蚤（*Tortanus vermiculus*）、火腿许水蚤（*Schmackeria poplesia*）、中华哲水蚤（*Calanus sinicus*）等。低盐近岸种类主要代表种有真刺唇角水蚤（*Labidocera euchaeta*）、背针胸刺水蚤（*Centropages dorsispinatus*）、太平洋纺锤水蚤（*Acartia pacifica*）、长额刺糠虾（*Acanthomysis longirostris*）、中华假磷虾（*Pseudeuphausia sinica*）、海龙箭虫（*Sagitta nagae*）等。温带外海种类主要代表种有中华哲水蚤、太平洋磷虾（*Euphausia pacifica*）等。热带外海种类主要代表种有平滑真刺水蚤（*Euchaeta plana*）、精致真刺水蚤（*Euchaeta concinna*）、肥胖箭虫（*Sagitta enflata*）等。

杭州湾浮游动物优势种以广布种、沿岸低盐种等生态类型为主，主要优势类群为桡足类，主要优势种为真刺唇角水蚤、虫肢歪水蚤、太平洋纺锤水蚤、左突唇角水蚤（*Labidocera sinilobata*）、火腿许水蚤等。杭州湾南岸的浮游动物生物量大于北岸。杭州湾浮游动物群落多样性指数呈现降低趋势，密度分布呈现逐渐升高而生物量逐渐降低的趋势，浮游动物群落结构呈现小型化趋势（黄备 等，2010；蔡燕红 等，2006；朱启琴，1988）。

（三）底栖动物

底栖动物是指生活史的全部或大部分时间生活于水体底部的水生动物群，除定居和活动生活的以外，栖息的形式多为固着于岩石等坚硬的基体上和埋没于泥沙等松软的基底中，此外，还有附着于植物或其他底栖动物体表的，以及栖息在潮间带的底栖种类。在摄食方法上，以悬浮物摄食和沉积物摄食居多，多为无脊椎动物，是一个庞杂的生态类群，按其尺寸，分大型底栖动物、小型底栖动物（Beukema and Cadā，2012）。杭州湾的底栖生物指潮间带及海底沉积物中的生物，绝大部分属于河口性及广温低盐性种类，以甲壳动物种类最多，其次是环节动物和软体动物（张水浸 等，1986；寿鹿 等，2012）。

1. 潮间带底栖动物

杭州湾潮间带底栖动物主要由软体动物、甲壳动物、多毛类等埋栖和活动性种类组成，总数为60余种，大都呈随机的镶嵌分布而无明显的分带现象。潮间带生态环境及生态因子特点为强潮、低盐、底质贫乏，稳定性差，群落结构简单，种类多样性低，但优势度较大。高、中、低3个潮带中，高潮带生态因子变化最大，限制了许多种类的分布；低潮区敌害生物多，种间竞争激烈；中潮区滩涂面积大，食物资源比较丰富，环境相对稳定，故种类最多。杭州湾潮间带底栖动物从湾底到湾口的群落多样性指数值和种类丰度值均呈增加的趋势，而优势度值逐步减小，群落结构从湾底到湾口逐渐复杂。其中湾底由于水域盐度低，底质为粗粉砂，水冲刷作用强劲，底栖生物种类极少且分布较均匀，均匀度和优势度值很高，群落结构特征简单，主要由低盐性的河口种组成，多营埋栖生活，该群落的多样性指数值和丰度值皆低，而优势度很高。湾中盐度较湾底升高，但仍处于低盐水系控制范围内，水动力作用有所减弱，故生物种类和数量较湾底增加，种类组成中以半咸水河口种占优势，生活方式以埋栖、自由生活为主，该群落中多样性指数值较低而优势度较大，群落结构比较简单。其中南岸的底栖生物种数比北岸多，故群落多样性指数值较大；但由于南岸底栖生物的栖息密度也大于北岸，故种类丰度值南岸反而比北岸下降（王天厚和钱国桢，1987）。湾口潮间带底质丰富，盐度较高，动力作用相对较弱，该区广盐性海洋生物大量出现，故群落多样性指数值、种类丰度值为最高，湾口外海高盐水的影响，盐度较高，底质为有机物含量较高的泥或泥质粉砂，潮流作用减弱，底栖生物群落种类和数量都较丰富，广盐性海洋生物逐渐占据了优势，生活方式多样。群落的多样性指数值和丰度值较大，而优势度降低，群落结构趋向复杂。湾底底栖生物种类和数量都极其贫乏，群落结构指数的季节变化不明显，但秋季生物的种类和数量比其他季节丰富。湾中北岸群落多样性指数值以夏季为最高，个体分布较均匀；春季种类多，但群落多样性指数值最小。春、夏两季群落结构指数的季节变动剧烈，其余两季节保持相对稳定。南岸种类丰度值以夏季为最大，多样性指数值以秋季为最高，夏季种类最多，而秋季优势种分布较均匀。湾口多样性指数值以夏季为最高，丰度值以秋季为最大，春、秋季优势度较高而多样性指数值偏低（张水浸 等，1986；林双淡 等，1984）。杭州湾由于围填海活动、海岸工程所导致的底质变化、环境污染等综合因素，大大侵占了底栖生物的生存空间，潮间带底栖动物群落有较大的年变化，大型底栖动物种类和数量明显减少，生物多样性降低（周燕 等，2009）。

2. 沉积物底栖动物

杭州湾底栖生物有 100 余种，主要优势类群为甲壳动物，其次为多毛类，主要优势种为脊尾白虾（*Exopalaemon carinicauda*）、狭颚绒螯蟹（*Eriochier leptognathus*）、红狼牙鰕虎鱼（*Odontamblyopus rubicundus*）、光滑河篮蛤（*Potamocorbula laevis*）和长手沙蚕属（*Magelona*）等。底栖生物从湾底到湾口，种类、数量皆呈增长趋势，而群落的种类也逐步从低盐的半咸水河口种向广盐海洋性种演替（寿鹿 等，2012）。

环节动物门、软体动物门、节肢动物门三者占大型底栖动物全部种数的 70% 以上，是杭州湾主要的大型底栖动物类型。杭州湾种类数较为贫乏，每个站位的种类四季平均为 2~3 种，主要优势种多数为环节动物门的多毛类。大型底栖动物种类数四季无显著差异，除夏季甲壳类丰度显著大于其他季节外，其余大型底栖动物类群的生物量和丰度四季均无显著差异，优势度指数、均匀度指数和种类丰富度则为秋季小于其他季节，其他季节较接近（寿鹿 等，2012）。杭州湾没有显著的群落结构差异，群落特点比较单一。杭州湾春季、夏季和冬季大型底栖动物的群落稳定性较好，秋季大型底栖动物则有受到污染扰动的趋势。叶绿素 a 是影响甲壳类动物，总有机碳和浮游植物是影响软体动物和其他类的最关键因子，而悬浮物、pH、溶解氧、水深以及盐度是影响多毛类的最关键因子，棘皮动物则与各环境因子间的相关性较小。

从历史分布的变化趋势来看，杭州湾海域的底栖动物数量一直处于一个低值稳定水平，底栖动物群落组成不稳定，生物多样性呈现动态变化，且有下降趋势。

（四）鱼类

杭州湾口是舟山渔场的重要组成部分。历史上，杭州湾鱼类种类繁多，资源量丰富。根据鱼类的生态习性，鱼类可以分为河口性鱼类、沿岸性鱼类、近海性鱼类三种类群（王淼 等，2016a；王淼 等，2016b；谢旭 等，2013）。

其中，河口性鱼类包括河口定居性种类、降海洄游和溯河洄游的种类，它们多数属于广温低盐性或广温广盐性种类，主要有刀鲚（*Coilia nasus*）、黄鳍东方鲀（*Takifugu xanthopterus*）、暗纹东方鲀（*Takifugu obscurus*）、鲻（*Mugil cephalus*）、睛尾蝌蚪虾虎鱼（*Lophiogobius ocellicauda*）、钟馗虾虎鱼（*Tridentiger barbatus*）、中华海鲇（*Arius sinensis*）等。沿岸性鱼类多数是在每年的春夏季节从近海或较深海区洄游至沿岸浅水区生殖产卵，幼体在产卵场附近海域索饵、生长发育，到了秋末冬初，随着水温的下降而向较深海区越冬洄游，这是一群广温广盐性种类，属于这一类型的主要有龙头鱼（*Harpodon nehereus*）、白姑鱼（*Argyrosomus argentatus*）、日本黄姑鱼（*Nibea japonica*）、棘头梅童鱼（*Collichthys lucidus*）、赤鼻棱鳀（*Thryssa kammalensis*）、中颌棱鳀（*Thryssa mystax*）、短吻舌鳎（*Cynoglussus abbreviatus*）、中国花鲈（*Lateolabrax maculatus*）等。近海性鱼类多数时间栖息分布在 30 m 以深海域，具有较强的适温适盐能力，也多是广温广盐性种类，属于这一类型的主要有长蛇鲻（*Saurida elongata*）、舒氏海龙（*Syngnathus schlegeli*）、蓝点马鲛（*Scomberomorus niphonius*）、四指马鲅（*Eleutheronema tetradactylum*）等。

杭州湾不同季节的优势种和常见种要发生变化，其中，优势种春季有睛尾蝌蚪虾虎鱼、刀鲚和棘头梅童鱼等，秋季则变化为龙头鱼、刀鲚和棘头梅童鱼等；而常见种春季有中国花鲈、黄鳍东方鲀等，秋季则有睛尾蝌蚪虾虎鱼、白姑鱼等。杭州湾鱼类季节性分布的种类较多，多数鱼类随着季节的变化要进行洄游，河口性种类和沿岸性种类占绝大部分。杭州湾鱼类的渔业资源呈持续退化趋势，生态系统内部优势种交替，优势种类少而且小，个别种群衰退、枯竭，种群内部结构变化，个体变小，性成熟提前；生命周期长、营养级别高的优质种类被短周期、低营养级的种类替代。如杭州湾鱼类的优势种已经由一些大型的经济种类如大黄鱼（*Pseudosciaena crocea*）、小黄鱼（*Larimichthys*

polyactis)、带鱼（*Trichiurus lepturus*）向小型的非经济种类转化（沈新强和袁骐，2011；沈新强和周永东，2007）。

（五）虾类和蟹类

杭州湾海域虾类、蟹类有 10 余种。虾类种类组成中以长臂虾科（Palaemonidae）种类最多，藻虾科（Phippolytidae）和鼓虾科（Alpheidae）其次；蟹类则以梭子蟹科（Protunidae）种类为主。从生态习性上分，虾、蟹类种类以广温低盐性为主，如安氏白虾、脊尾白虾；广温高盐性种类为辅，如三疣梭子蟹（*Portunus trituberculatus*）、口虾蛄（*Oratosquilla woodmasoni*）。安氏白虾是虾类的主要优势种，狭颚绒螯蟹是蟹类的主要优势种。分布在杭州湾海域的季节性虾、蟹类较少，虾、蟹类多数是长年在此生长、栖息的种类，只有少数会进行季节性洄游（庞敏 等，2015）。

（六）其他渔业资源

杭州湾口历史上盛产海蜇（*Rhopilma esculenta*），繁殖、生长于杭州湾海域的群体曾经是秋季定置张网主要捕捞对象之一。杭州湾群体海蜇主要繁殖栖息于嵊泗列岛以西的钱塘江口，稚蜇主要分布在大戢山—泗礁—双合岛连线以西水深 5～15 m 一带（王永顺 等，1984）。由于捕捞过度、海洋环境变化和污染等原因，杭州湾海蜇资源逐渐衰落。

第二章
水生生物栖息环境与评价

第一节　海洋水文

一、水温

（一）调查方法

研究团队于 2011 年 5 月（春季）和 8 月（夏季）、2012 年 5 月（春季）和 8 月（夏季）和 2013 年的 5 月（春季）和 8 月（夏季）对杭州湾海域的生态环境现状进行了调查。调查范围详见调查站位图（图 2-1），设 10 个监测站位，监测站位经纬度见表 2-1。

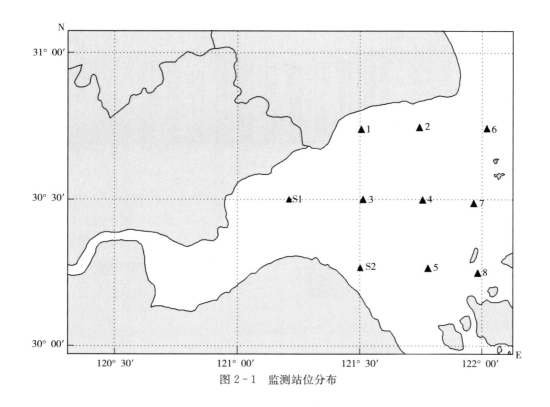

图 2-1　监测站位分布

水样用颠倒采水器采集，水温采样方法按《海洋监测规范》（GB 17378—2007）执行，采集表底层，利用多参数水质分析仪（YST560D）进行分析测定。

表 2-1　杭州湾海域调查站位

站号	东经	北纬	站号	东经	北纬
1	121°30′25″	30°44′21″	6	121°1′15″	30°44′33″
2	121°44′35″	30°44′46″	7	121°57′58″	30°29′16″
3	121°30′47″	30°30′1″	8	121°58′35″	30°14′55″
4	121°45′18″	30°29′54″	S1	121°12′38″	30°30′
5	121°46′41″	30°15′51″	S2	121°30′7″	30°15′58″

(二) 平面分布

1. 2011 年

（1）5 月（春季）　调查期间，水温变化范围为 17.03～21.04 ℃，水平温差为 4.01 ℃。其中，表层水温 18.11～21.04 ℃，底层水温 17.03～20.14 ℃。受长江冲淡水影响，外侧海域的 3 个测站（6 号、7 号和 8 号站）水温变化波动较大，其他各个测站水温比较均匀（图 2-2）。

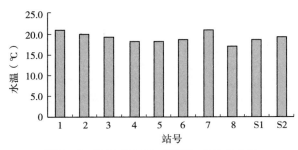

图 2-2　2011 年 5 月（春季）各站位水温

（2）8 月（夏季）　调查期间，水温变化范围为 28.32～28.86 ℃，水平温差为 0.54 ℃。其中，表层水温 28.32～28.86 ℃，底层水温 28.53～28.77 ℃。受长江冲淡水影响，北部海域的 2 号站和外侧海域的 3 个测站（6 号、7 号和 8 号站）水温普遍较低。北部海域的 1 号站水温明显高于其他区域（图 2-3）。

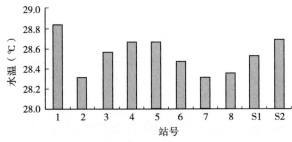

图 2-3　2011 年 8 月（夏季）各站位水温

2. 2012 年

（1）5 月（春季）　调查期间，水温变化范围为 18.01～20.59 ℃，水平温差为 2.58 ℃。其中，表层水温 18.35～20.59 ℃，底层水温 18.01～20.33 ℃。受长江冲淡水影响，外侧海域的 3 个测站（6 号、7 号和 8 号站）水温变化波动较大，其他各个测站水温比较均匀，分布趋势与 2011 年基本相同（图 2 - 4）。

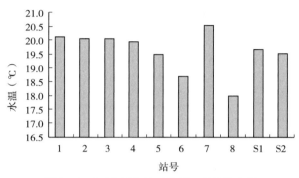

图 2 - 4　2012 年 5 月（春季）各站位水温

（2）8 月（夏季）　调查期间，水温变化范围为 28.35～28.89 ℃，水平温差为 0.54 ℃。其中，表层水温 28.38～28.89 ℃，底层水温 28.35～28.81 ℃。受长江冲淡水影响，北部海域的 2 号站和外侧海域的 3 个测站（6 号、7 号和 8 号站）水温普遍较低。北部海域的 1 号站水温明显高于其他区域，分布趋势与 2011 年基本相同（图 2 - 5）。

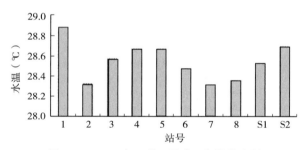

图 2 - 5　2012 年 8 月（夏季）各站位水温

3. 2013 年

（1）5 月（春季）　调查期间，水温变化范围为 18.04～21.03 ℃，水平温差为 2.99 ℃。其中，表层水温 18.12～21.03 ℃，底层水温 18.04～20.19 ℃。受长江冲淡水影响，外侧海域的 7 号站水温与其他各站相比，明显偏高。其他各个测站水温比较均匀，分布趋势与 2011 年和 2012 年基本相同（图 2 - 6）。

（2）8 月（夏季）　调查期间，水温变化范围为 28.36～28.77 ℃，水平温差为 0.41 ℃。其中，表层水温 28.41～28.77 ℃，底层水温 28.36～28.69 ℃。受长江冲淡水影响，外侧海域的 6 号、7 号、8 号站及北部海域的 2 号站水温与其他各站相比，明显偏低。其他各个测站水温比较均匀，分布趋势与 2011 年和 2012 年基本相同（图 2-7）。

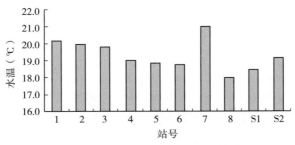

图 2-6　2013 年 5 月（春季）各站位水温

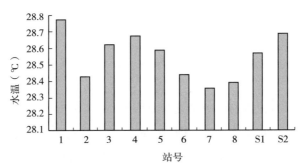

图 2-7　2013 年 8 月（夏季）各站位水温

（三）季节变化

调查海域水温季节变化明显，随着气温的升高，8 月（夏季）水温明显高于 5 月（春季），最高水温基本出现在内侧海域，外侧海域水温相对偏低。这种分布格局，主要是外侧受长江径流的影响。从年际变动来看，水温变动幅度很小，温度变化趋势无明显差异。5 月（春季），水温变化趋势为 2012 年（19.62 ℃）＞2013 年（19.34 ℃）＞2011 年（19.16 ℃）。8 月（夏季），水温变化趋势为 2012 年（28.60 ℃）＞2011 年（28.59 ℃）＞2013 年（28.55 ℃）。

二、盐度

（一）调查方法

调查时间和站位布置与水温同步进行，采样按《海洋监测规范》执行采集表底层，利用多参数水质分析仪进行分析测定。

（二）平面分布

杭州湾是一个喇叭形的港湾，盐度变化受潮汐影响十分显著。

1. 2011 年

（1）5 月（春季）　调查期间，盐度变化范围为 18.22～28.08，水平盐差为 9.86。其中，表层盐度 18.22～25.87，底层盐度 18.99～28.08。受钱塘江径流的影响，内侧海域的 S1 号和 S2 号、中部海域的 3 号和 4 号站的盐度明显偏低，南部海域的 8 号站由于离岸较远，盐度出现峰值，其余各站盐度分布较为均匀（图 2-8）。

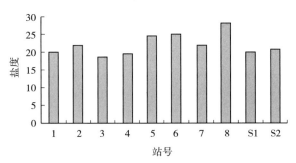

图 2-8　2011 年 5 月（春季）各站位水体盐度

（2）8 月（夏季）　调查期间，盐度变化范围为 13.22～26.67，水平盐差为 13.45。其中，表层盐度 13.22～25.39，底层盐度 15.66～26.67。受长江冲淡水影响，北部海域的 1 号和 2 号站，外侧海域的 6 号站盐度普遍较低。南部海域靠近舟山渔场的 8 号站盐度则明显高于其他区域（图 2-9）。

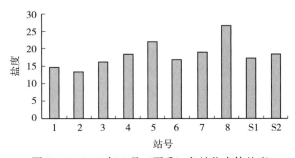

图 2-9　2011 年 8 月（夏季）各站位水体盐度

2. 2012 年

（1）5 月（春季）　调查期间，盐度变化范围为 18.72～28.08，水平盐差为 9.36。其中，表层盐度 18.72～27.74，底层盐度 18.99～28.08。受钱塘江径流影响，内侧海域的 S1 号站、中部海域的 3 号和 4 号站盐度普遍较低，南部海域靠近舟山渔场的 8 号站盐度较高，分布趋势与 2011 年基本相同（图 2-10）。

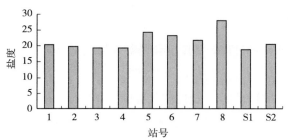

图 2-10　2012 年 5 月（春季）各站位水体盐度

（2）8 月（夏季）　调查期间，盐度变化范围为 13.99～28.89，水平盐差为 14.90。其中，表层盐度 13.99～28.89，底层盐度 18.51～28.81。受长江冲淡水影响，外侧海域的 6 号和北部海域的 2 号站，以及受钱塘江径流影响 S1 号站的盐度普遍低于湾内其他海域，南部海域的 8 号和 S2 号站盐度明显高于其他区域，分布趋势与 2011 年基本相同（图 2-11）。

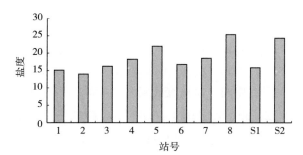

图 2-11　2012 年 8 月（夏季）各站位水体盐度

3. 2013 年

（1）5 月（春季）　调查期间，盐度变化范围为 18.17～27.89，水平盐差为 9.72。其中，表层盐度 18.17～26.18，底层盐度 18.45～27.89。受钱塘江径流影响，内侧海域的 S1 号站、中部海域的 3 号和 4 号站盐度低于其他各站，南部海域的 8 号站其盐度较高，分布趋势与 2011 年和 2012 年基本相同（图 2-12）。

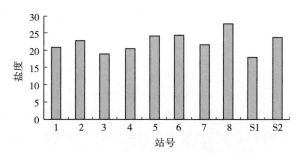

图 2-12　2013 年 5 月（春季）各站位水体盐度

（2）8月（夏季）　调查期间，盐度变化范围为13.19～25.87，水平盐差为12.68。其中，表层盐度13.19～24.35，底层盐度13.19～25.87。受钱塘江径流影响，内侧海域的S1号站，以及受长江冲淡水影响的北部海域的2号站，其盐度与其他各站相比均偏低。南部海域的8号站其盐度较高，分布趋势与2011年和2012年基本相同（图2-13）。

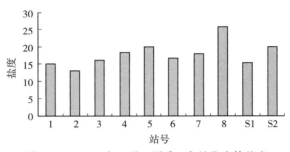

图2-13　2013年8月（夏季）各站位水体盐度

（三）季节变化

由于杭州湾海域主要受长江冲淡水和钱塘江径流的影响，导致调查海域盐度季节变化明显。夏季，随着长江和钱塘江等径流汛期的出现，入海径流剧增，沿岸低盐水势力迅速增强，范围扩大，受其影响调查海域盐度降低，呈现出5月（春季）明显高于8月（夏季）。从年际变动来看，盐度变动幅度很小，盐度变化趋势无明显差异。5月（春季），盐度变化趋势为2013年（22.50）＞2011年（22.15）＞2012年（21.64）。8月（夏季），盐度变化趋势为2012年（18.65）＞2011年（18.27）＞2013年（18.03）。

第二节　海洋化学

一、酸碱度

（一）调查方法

调查时间和站位布置与水温同步进行，酸碱度采样方法按《海洋监测规范》执行，采集表底层，利用多参数水质分析仪进行分析测定。

（二）评价方法

采用环境质量单因子评价标准指数法进行海域水质的现状评价，评价标准按照《海水水质标准》（GB 3097—1997）（国家环境保护局，1998）和《环境影响评价技术导则地面水环境》（HJ/T 2.3—1993）执行。

单项水质评价因子 i 在第 j 取样点的标准指数：

$$S_{ij} = C_{ij}/C_{si}$$

式中：C_{ij}——水质评价因子 i 在第 j 取样点的实测浓度值，mg/L；

S_{ij}——标准指数；

C_{si}——水质评价因子 i 的评价标准，mg/L。

pH 的标准指数为：

$$P_S = (7.0 - P_j)/(7.0 - P_{min}) \quad 当 P_j \leqslant 7.0 时$$

$$P_S = (P_j - 7.0)/(P_{max} - 7.0) \quad 当 P_j > 7.0 时$$

式中：P_S——pH 在第 j 取样点的标准指数；

P_j——j 取样点水样 pH 实测值；

P_{min}——评价标准规定的下限值；

P_{max}——评价标准规定的上限值。

当标准指数值大于 1，表示第 i 项评价因子超出了其相应的评价标准，即表明该因子已不能满足评价海域海洋功能区的要求。

（三）平面分布

1. 2011 年

（1）5 月（春季）　调查期间，pH 变化范围为 7.65～7.78，平均值为 7.71。其中，表层 pH 为 7.68～7.78，底层 pH 为 7.65～7.70。受钱塘江径流和长江径流共同作用下，pH 都在 8.0 以下。其中，内侧海域的 S1 号站和南部海域的 S2 号站 pH 明显偏低，南部海域的 8 号站由于离岸较远，pH 出现峰值，其余各站 pH 分布较为均匀（图 2-14）。

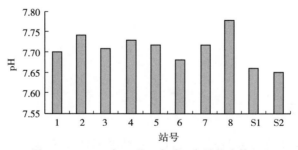

图 2-14　2011 年 5 月（春季）各站位水体 pH

（2）8 月（夏季）　调查期间，pH 变化范围为 7.75～8.05，平均值为 7.90。其中，表层 pH 为 7.82～8.05，底层 pH 为 7.75～8.01。北部海域的 2 号站 pH 低于其他各个测站水平。外侧海域靠近舟山渔场的 8 号站 pH 高于其他区域（图 2-15）。

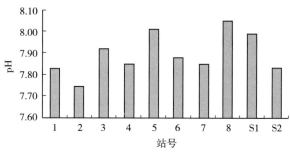

图 2-15　2011 年 8 月（夏季）各站位水体 pH

2. 2012 年

（1）5 月（春季）　调查期间，pH 变化范围为 7.45～7.58，平均值为 7.52。其中，表层 pH 为 7.45～7.53，底层 pH 为 7.49～7.58。受长江径流影响，外侧海域的 6 号站 pH 明显低于其他各站，外侧海域的靠近舟山渔场的 8 号站和北部海域的 2 号站 pH 出现峰值，分布趋势与 2011 年略有不同（图 2-16）。

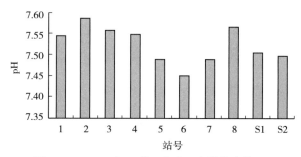

图 2-16　2012 年 5 月（春季）各站位水体 pH

（2）8 月（夏季）　调查期间，pH 变化范围为 7.44～8.12，平均值为 7.93。其中，表层 pH 为 7.44～8.12，底层 pH 为 7.85～8.10。受长江冲淡水影响，北部海域的 2 号站 pH 明显低于其他海域，南部海域的 8 号站 pH 高于其他区域，分布趋势与 2011 年基本相同（图 2-17）。

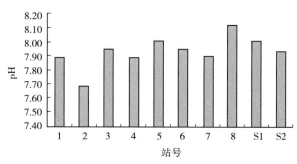

图 2-17　2012 年 8 月（夏季）各站位水体 pH

3. 2013 年

（1）5 月（春季） 调查期间，pH 变化范围为 7.63～7.83，平均值为 7.75。其中，表层 pH 为 7.67～7.83，底层 pH 为 7.63～7.71。受钱塘江径流影响，中部海域的 3 号站和内侧海域的 S1 号站 pH 明显低于其他各站，南部海域的 5 号站 pH 较高，分布趋势与 2011 年基本相同（图 2-18）。

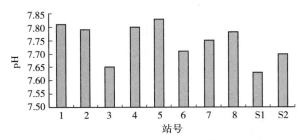

图 2-18 2013 年 5 月（春季）各站位水体 pH

（2）8 月（夏季） 调查期间，pH 变化范围为 7.69～8.02，平均值为 7.89。其中，表层 pH 为 7.69～7.99，底层 pH 为 7.70～8.02。受长江径流影响，北部海域的 2 号站，其 pH 与其他各站相比，明显偏低。南部海域的 5 号和 8 号站及内侧海域的 S1 号站 pH 较高，分布趋势与 2011 年和 2012 年基本相同（图 2-19）。

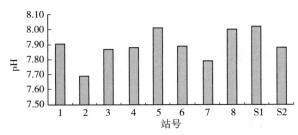

图 2-19 2013 年 8 月（夏季）各站位水体 pH

（四）季节变化

调查海域 pH 季节变化明显，8 月长江等陆源径流进入汛期，冲淡水量增加，因此水体中 pH 表现为 8 月（夏季）高于 5 月（春季）。从年际变动来看，pH 变动幅度很小，pH 变化趋势无明显差异。5 月（春季），pH 变化趋势为 2013 年（7.75）＞2011 年（7.71）＞2012 年（7.52）。8 月（夏季），pH 变化趋势为 2012 年（7.93）＞2011 年（7.90）＞2013 年（7.89）。

（五）质量评价

调查海域 pH 变化范围为 7.44～8.12，pH 的标准指数均低于 1，这表明调查海域水质达到一类海水水质标准。

二、溶解氧

（一）调查方法

调查时间和站位布置与水温同步进行，溶解氧（dissolved oxygen，DO）采样方法按《海洋监测规范》执行采集表底层，利用多参数水质分析仪进行分析测定。

（二）评价方法

采用环境质量单因子评价标准指数法进行海域水质的现状评价，评价标准按照《海水水质标准》（GB 3097—1997）和《环境影响评价技术导则　地面水环境》（HJ/T 2.3—1993）执行。

$$S_{DO_j} = |\,(DO_f - DO_j)\,|\,/(DO_f - DO_s) \quad 当 DO_j \geqslant DO_s 时$$

$$S_{DO_j} = 10 - 9(DO_j)/DO_s \quad 当 DO_j < DO_s 时$$

$$DO_f = 468/(31.6 + T)$$

式中：S_{DO_j}——标准指数值；

$\quad\quad DO_f$——水中饱和溶解氧浓度；

$\quad\quad DO_j$——j 取样点水样溶解氧实测值；

$\quad\quad DO_s$——评价标准规定溶解氧值。

当标准指数值 S_{DO_j} 大于 1，表示第 i 项评价因子超出了其相应的评价标准，即表明该因子已不能满足评价海域海洋功能区的要求。

（三）平面分布

1. 2011 年

（1）5 月（春季）　调查期间，溶解氧变化范围为 7.13～10.21 mg/L，平均值为 8.09 mg/L。其中，表层溶解氧为 7.13～10.21 mg/L，底层溶解氧为 7.43～9.12 mg/L。外侧海域 7 号站溶解氧较低，南部海域的 5 号和 8 号站由于离岸较远，溶解氧出现峰值，其余各站溶解氧分布较为均匀（图 2 - 20）。

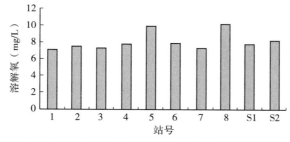

图 2 - 20　2011 年 5 月（春季）各站位水体中溶解氧含量

（2）8月（夏季）　调查期间，溶解氧变化范围为6.49～8.05 mg/L，平均值为7.17 mg/L。其中，表层溶解氧为7.21～8.05 mg/L，底层溶解氧为6.49～7.88 mg/L。南部海域的5号站溶解氧低于其他各个测站水平。外侧海域靠近舟山渔场的8号站则溶解氧明显高于其他区域（图2-21）。

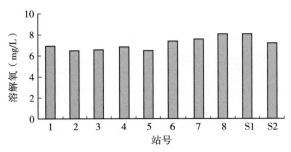

图2-21　2011年8月（夏季）各站位水体中溶解氧含量

2. 2012年

（1）5月（春季）　调查期间，溶解氧变化范围为6.51～9.19 mg/L，平均值为7.61 mg/L。其中，表层溶解氧为7.53～9.19 mg/L，底层溶解氧为6.51～8.22 mg/L。外侧海域的7号站溶解氧明显偏低，南部海域的8号站由于离岸较远，溶解氧出现峰值，其余各站溶解氧分布较为均匀（图2-22）。

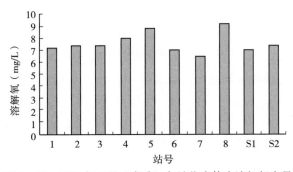

图2-22　2012年5月（春季）各站位水体中溶解氧含量

（2）8月（夏季）　调查期间，溶解氧变化范围为7.64～7.97 mg/L，平均值为7.75 mg/L。其中，表层溶解氧为7.68～7.97 mg/L，底层溶解氧为7.64～7.92 mg/L。南部海域的5号站溶解氧低于其他各个测站水平。南部海域的8号站溶解氧则高于其他区域，分布趋势与2011年基本相同（图2-23）。

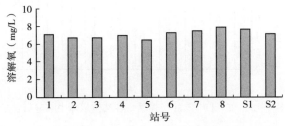

　图2-23　2012年8月（夏季）各站位水体中溶解氧含量

3. 2013 年

（1）5 月（春季）　调查期间，溶解氧变化范围为 6.98～8.33 mg/L，平均值为 7.48 mg/L。其中，表层溶解氧为 7.31～8.33 mg/L，底层溶解氧为 6.98～8.13 mg/L。外侧海域的 7 号站溶解氧明显低于其他各站，南部海域的 8 号站则溶解氧较高，分布趋势与 2011 年和 2012 年基本相同（图 2-24）。

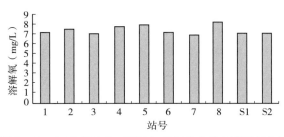

图 2-24　2013 年 5 月（春季）各站位水体中溶解氧含量

（2）8 月（夏季）　调查期间，溶解氧变化范围为 5.59～7.88 mg/L，平均值为 7.15 mg/L。其中，表层溶解氧为 5.59～7.88 mg/L，底层溶解氧为 7.61～7.83 mg/L。南部海域的 5 号站溶解氧低于其他各个测站水平。南部海域的 8 号站的溶解氧则高于其他区域，分布趋势与 2011 年和 2012 年基本相同（图 2-25）。

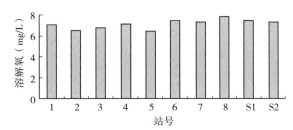

图 2-25　2013 年 8 月（夏季）各站位水体中溶解氧含量

（四）季节变化

调查海域溶解氧随季节变化明显。夏季，由于水温迅速升高，浮游植物繁衍盛期已经过去，有机质分解和生物耗氧量增多，导致水体中溶解氧浓度下降。5 月（春季）明显高于 8 月（夏季）。从年际变动来看，溶解氧变动幅度很小，溶解氧变化趋势无明显差异。5 月（春季），溶解氧变化趋势为 2011 年（8.09 mg/L）＞2012 年（7.61 mg/L）＞2013 年（7.48 mg/L）。8 月（夏季），溶解氧变化趋势为 2012 年（7.75 mg/L）＞2011 年（7.17 mg/L）＞2013 年（7.15 mg/L）。

（五）质量评价

调查海域溶解氧浓度变化范围为 5.59～10.21 mg/L，S_{DO} 值均低于 1，表明调查海域水质达到一类海水水质标准。

三、无机氮

（一）调查方法

调查时间和站点布置与水温同步进行，无机氮采样方法按《海洋监测规范》执行，采集表、底层，利用 SKALAR（荷兰 SKALAR 公司）连续自动分析仪进行分析测定。

（二）评价方法

采用环境质量单因子评价标准指数法进行海域水质的现状评价，评价标准按照《海水水质标准》执行。

水质评价方法采用单因子标准指数（P_i）法，评价公式如下：

$$P_i = \frac{C_i}{C_{io}}$$

式中：P_i——第 i 项因子的标准指数，即单因子标准指数；

C_i——第 i 项因子的实测浓度；

C_{io}——第 i 项因子的评价标准值。

当标准指数值 P_i 大于 1，表示第 i 项评价因子超出了其相应的评价标准，即表明该因子已不能满足评价海域海洋功能区的要求。

（三）平面分布

1. 2011 年

（1）5 月（春季） 调查期间，无机氮变化范围为 0.251～0.575 mg/L，平均值为 0.411 mg/L。其中，表层无机氮为 0.258～0.575 mg/L，底层无机氮为 0.251～0.539 mg/L。中部海域的 3 号和 4 号站无机氮明显偏高，外侧海域的 6 号站由于受长江径流影响，无机氮出现低谷值，其余各站无机氮分布较为均匀，表现出湾内较高、湾外较低的分布趋势（图 2 - 26）。

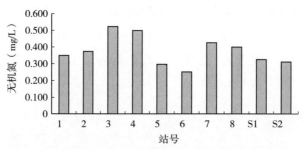

图 2 - 26　2011 年 5 月（春季）各站位水体中无机氮含量

（2）8月（夏季） 调查期间，无机氮变化范围为 0.587～1.200 mg/L，平均值为 0.862 mg/L。其中，表层无机氮为 0.633～1.200 mg/L，底层无机氮为 0.587～0.911 mg/L。中部海域的 3 号站无机氮明显高于其他各个测站水平。外侧海域的 6 号站因受长江径流影响，无机氮明显低于其他区域，表现出湾内较高、湾外较低的分布趋势（图 2-27）。

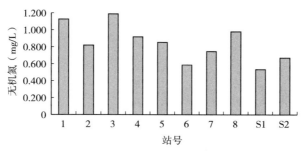

图 2-27 2011 年 8 月（夏季）各站位水体中无机氮含量

2. 2012 年

（1）5月（春季） 调查期间，无机氮变化范围为 0.254～0.712 mg/L，平均值为 0.393 mg/L。其中，表层无机氮为 0.286～0.712 mg/L，底层无机氮为 0.254～0.623 mg/L。中部海域的 3 号站无机氮明显偏高，外侧海域的 6 号站因受长江径流影响，无机氮出现低谷值，其余各站无机氮分布较为均匀，表现出湾内较高、湾外较低的分布趋势（图 2-28）。

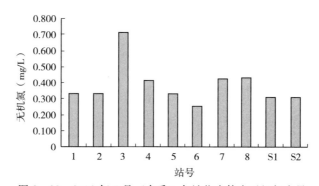

图 2-28 2012 年 5 月（春季）各站位水体中无机氮含量

（2）8月（夏季） 调查期间，无机氮变化范围为 0.589～1.279 mg/L，平均值为 0.850 mg/L。其中，表层无机氮为 0.589～1.279 mg/L，底层无机氮为 0.711～0.958 mg/L。北部海域的 2 号站无机氮高于其他各个测站水平。外侧海域的 6 号站的无机氮则明显低于其他区域，表现出湾内向湾外逐步降低的分布趋势，与 2011 年基本相同（图 2-29）。

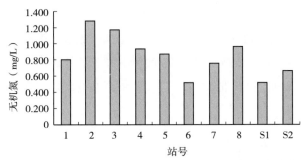

图 2-29　2012 年 8 月（夏季）各站位水体中无机氮含量

3. 2013 年

（1）5 月（春季）　调查期间，无机氮变化范围为 0.249～0.809 mg/L，平均值为 0.408 mg/L。表层无机氮为 0.249～0.809 mg/L，底层无机氮为 0.251～0.783 mg/L。外侧海域的 6 号站无机氮明显低于其他各站，中部海域的 3 号站则无机氮较高，表现出湾内向湾外逐步降低的分布趋势，与 2011 年和 2012 年基本相同（图 2-30）。

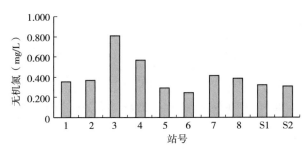

图 2-30　2013 年 5 月（春季）各站位水体中无机氮含量

（2）8 月（夏季）　调查期间，无机氮变化范围为 0.584～1.279 mg/L，平均值为 0.862 mg/L。其中，表层无机氮为 0.584～1.279 mg/L，底层无机氮为 0.593～0.986 mg/L。北部海域的 1 号站无机氮明显高于其他各个测站水平。外侧海域的 6 号站因受长江径流影响，无机氮明显低于其他区域，表现出湾内向湾外逐步降低的分布趋势，与 2011 年和 2012 年基本相同（图 2-31）。

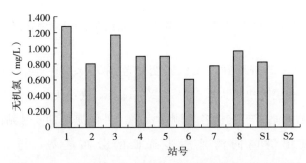

图 2-31　2013 年 8 月（夏季）各站位水体中无机氮含量

（四）季节变化

调查海域无机氮季节变化明显。夏季，长江及钱塘江等径流加大，无机氮浓度有所升高，8 月（夏季）明显高于 5 月（春季）。从年际变动来看，无机氮变动幅度很小，无机氮变化趋势无明显差异。5 月（春季），无机氮变化趋势为 2011 年（0.411 mg/L）＞2013 年（0.408 mg/L）＞2012 年（0.393 mg/L）。8 月（夏季），无机氮变化趋势为 2011 年（0.862 mg/L）＝ 2013 年（0.862 mg/L）＞2012 年（0.850 mg/L）。

（五）质量评价

调查海域无机氮含量基本维持在 0.249～1.279 mg/L 的水平。依据 1992—2011 年对杭州湾无机氮的调查结果（贾海波，2014），无机氮含量有较明显下降，但无机氮污染仍十分严重。5 月（春季），2011 年、2012 年和 2013 年除南部海域的 5 号站和外侧海域的 6 号站无机氮符合二类海水质量标准外，均有 20％的站位（中部海域的 3 号站和 4 号站）超过四类海水质量标准。调查海域 8 月（夏季）航次，整个海域均超过四类海水质量标准，为劣四类海水。

四、磷酸盐

（一）调查方法

调查时间和站位布置与前述水温测定相同，磷酸盐采样方法按《海洋监测规范》执行，采集表、底层，利用连续流动注射仪进行分析测定。

（二）评价方法

采用环境质量单因子评价标准指数法进行海域水质的现状评价，评价标准按照《海水水质标准》（GB 3097—1997）执行。

（三）平面分布

1. 2011 年

（1）5 月（春季）　调查期间，磷酸盐变化范围为 0.024～0.102 mg/L，平均值为 0.048 mg/L。其中，表层磷酸盐为 0.034～0.102 mg/L，底层磷酸盐为 0.024～0.047 mg/L。内侧海域的 S1 号和中部海域的 3 号站磷酸盐明显偏高，外侧海域的 6 号站由于受长江径流影响，磷酸盐出现低谷值，其余各站磷酸盐分布较为均匀（图 2‑32）。

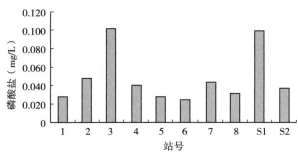

图 2-32　2011 年 5 月（春季）各站位水体中磷酸盐含量

（2）8 月（夏季）　调查期间，磷酸盐变化范围为 0.031～0.069 mg/L，平均值为 0.047 mg/L。其中，表层磷酸盐为 0.031～0.069 mg/L，底层磷酸盐为 0.044～0.061 mg/L。中部海域的 3 号站磷酸盐明显高于其他各个测站水平。外侧海域的 7 号站因受长江径流影响，磷酸盐明显低于其他各站（图 2-33）。

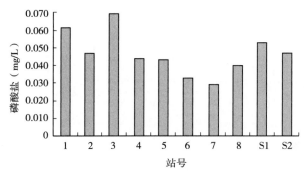

图 2-33　2011 年 8 月（夏季）各站位水体中磷酸盐含量

2. 2012 年

（1）5 月（春季）　调查期间，磷酸盐变化范围为 0.030～0.098 mg/L，平均值为 0.051 mg/L。其中，表层磷酸盐为 0.033～0.098 mg/L，底层磷酸盐为 0.030～0.069 mg/L。内侧海域的 S1 号站和中部海域的 3 号站磷酸盐明显偏高，外侧海域的 6 号站因受长江径流影响，磷酸盐出现低谷值，其余各站磷酸盐分布较为均匀（图 2-34）。

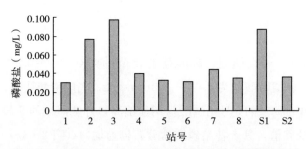

图 2-34　2012 年 5 月（春季）各站位水体中磷酸盐含量

（2）8月（夏季）　调查期间，磷酸盐变化范围为 0.028～0.059 mg/L，平均值为 0.042 mg/L。其中，表层磷酸盐为 0.028～0.059 mg/L，底层磷酸盐为 0.033～0.059 mg/L。内侧海域的 S1 号站和中部海域的 3 号站磷酸盐高于其他各个测站水平。外侧海域的 6 号站的磷酸盐则明显低于其他各站，表现出湾内向湾外逐步降低的分布趋势，与 2011 年基本相同（图 2-35）。

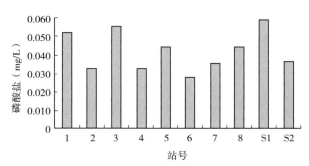

图 2-35　2012 年 8 月（夏季）各站位水体中磷酸盐含量

3. 2013 年

（1）5月（春季）　调查期间，磷酸盐变化范围为 0.028～0.107 mg/L，平均值为 0.048 mg/L。其中，表层磷酸盐为 0.028～0.089 mg/L，底层磷酸盐为 0.044～0.107 mg/L。外侧海域的 6 号站磷酸盐明显低于其他各站，中部海域的 3 号站和内侧海域的 S1 号站则磷酸盐较高，表现出湾内向湾外逐步降低的分布趋势，与 2011 年和 2012 年基本相同（图 2-36）。

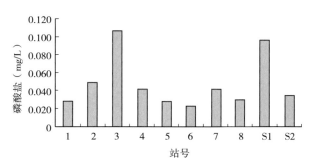

图 2-36　2013 年 5 月（春季）各站位水体中磷酸盐含量

（2）8月（夏季）　调查期间，磷酸盐变化范围为 0.030～0.068 mg/L，平均值为 0.046 mg/L。其中，表层磷酸盐为 0.035～0.057 mg/L，底层磷酸盐为 0.030～0.068 mg/L。中部海域的 3 号站磷酸盐明显高于其他各个测站水平。外侧海域的 6 号站因受长江径流影响，磷酸盐含量明显低于其他各站，表现出湾内向湾外逐步降低的分布趋势，与 2011 年和 2012 年基本相同（图 2-37）。

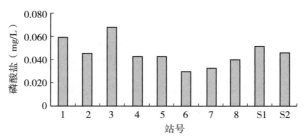

图 2-37　2013 年 8 月（夏季）各站位水体中磷酸盐含量

（四）季节变化

调查海域磷酸盐季节变化不明显，5 月（春季）略高于 8 月（夏季）。从年际变动来看，磷酸盐变动幅度很小，磷酸盐变化趋势无明显差异。5 月（春季），磷酸盐变化趋势为 2012 年（0.051 mg/L）＞2011 年（0.048 mg/L）＝2013 年（0.048 mg/L）。8 月（夏季），磷酸盐变化趋势为 2011 年（0.047 mg/L）＞ 2013 年（0.046 mg/L）＞2012 年（0.042 mg/L）。

（五）质量评价

调查海域磷酸盐总体含量变化范围为 0.024～0.107 mg/L。针对杭州湾磷酸盐的调查曾于 1992—2011 年进行过（贾海波，2014），本次调查与 1992—2011 年历史数据相比（0.035～0.063 mg/L），含量有一定下降。5 月（春季），2011 年、2012 年和 2013 年除南部海域的 5 号站和外侧海域的 6 号站水体中磷酸盐符合二类海水质量标准外，均有 30％的站位（内侧海域的 S1 号站、北部海域 2 号站和中部海域 3 号站）超过四类海水质量标准。调查海域 8 月（夏季），2011—2013 年整个海域 50％的站位超过四类海水质量标准，为劣四类海水。

五、化学耗氧量

（一）调查方法

调查时间和站点布置与前述水温测定相同，化学耗氧量（COD）采样按《海洋监测规范》执行，采集表、底层。分析方法采用碱性高锰酸钾法进行测定。

（二）评价方法

采用环境质量单因子评价标准指数法进行海域水质的现状评价，评价标准按照《海水水质标准》执行。

（三）平面分布

1. 2011 年

（1）5 月（春季）　调查期间，COD 变化范围为 0.233～1.203 mg/L，平均值为 0.723 mg/L。其中，表层 COD 为 0.388～1.203 mg/L，底层 COD 为 0.233～0.543 mg/L。由于受长江径流和钱塘江径流影响，其中中部海域的 4 号站和外侧海域的 6 号站 COD 明显偏高；由于临近上海漕泾化工区，北侧海域的 1 号站 COD 数值也较高，外侧海域的 7 号站 COD 则出现低谷值，其余各站 COD 分布较为均匀（图 2-38）。

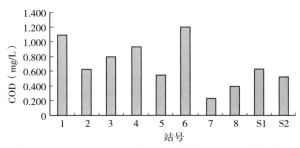

图 2-38　2011 年 5 月（春季）各站位水体中 COD 含量

（2）8 月（夏季）　调查期间，COD 变化范围为 0.519～1.158 mg/L，平均值为 0.996 mg/L。其中，表层 COD 为 0.519～1.158 mg/L，底层 COD 为 0.758～1.130 mg/L。受长江径流和钱塘江共同影响，中部海域的 4 号站和外侧海域的 7 号站 COD 明显高于其他各个测站水平；由于临近上海漕泾化工区，北部海域的 1 号站 COD 数值也较高。外侧海域的 8 号站 COD 明显低于其他区域（图 2-39）。

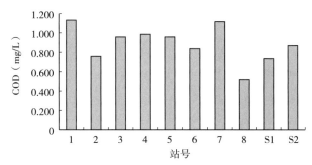

图 2-39　2011 年 8 月（夏季）各站位水体中 COD 含量

2. 2012 年

（1）5 月（春季）　调查期间，COD 变化范围为 0.238～1.064 mg/L，平均值为 0.706 mg/L。其中，表层 COD 为 0.396～1.064 mg/L，底层 COD 为 0.238～0.812 mg/L。外侧海域的 6 号站因受长江径流影响，COD 出现峰值，而内侧海域的 S1 号、中部海域的

3号站COD也明显偏高，南部海域的7号和8号站则出现低谷值，其余各站COD分布较为均匀（图2-40）。

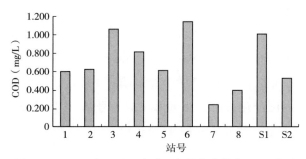

图2-40　2012年5月（春季）各站位水体中COD含量

（2）8月（夏季）　调查期间，COD变化范围为0.735～1.411 mg/L，平均值为0.945 mg/L。其中，表层COD为0.846～1.411 mg/L，底层COD为0.735～0.929 mg/L。受长江径流和钱塘江共同影响，中部海域的4号站和外侧海域的7号站COD明显高于其他各个测站水平；由于邻近上海漕泾化工区，北部海域的1号站COD数值也较高。外侧海域的8号站COD明显低于其他区域，分布趋势与2011年基本相同（图2-41）。

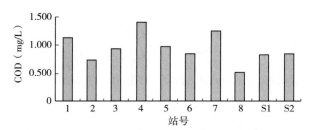

图2-41　2012年8月（夏季）各站位水体中COD含量

3. 2013年

（1）5月（春季）　调查期间，COD变化范围为0.228～1.215 mg/L，平均值为0.706 mg/L。其中，表层COD为0.380～1.215 mg/L，底层COD为0.228～0.973 mg/L。外侧海域的6号站COD明显高于其他各个测站水平，中部海域的3号站COD也较高，外侧海域的7号站则出现低谷值，分布趋势与2011年和2012年基本相同（图2-42）。

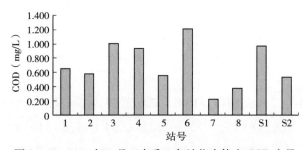

图2-42　2013年5月（春季）各站位水体中COD含量

（2）8月（夏季）　调查期间，COD变化范围为0.529～1.355 mg/L，平均值为0.994 mg/L。其中，表层COD为0.813～1.355 mg/L，底层COD为0.529～0.929 mg/L。内部海域的3号站COD明显高于其他各个测站水平，这可能是因为钱塘江冲淡水与远岸外海水在杭州湾中部进行剧烈混合，形成锋区在从杭州湾口中部流出的结果。外侧海域的6号站COD明显低于其他各个测站水平，分布趋势与2011年和2012年基本相同（图2-43）。

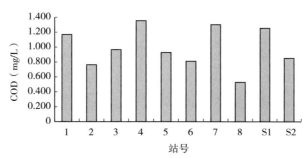

图2-43　2013年8月（夏季）各站位水体中COD含量

（四）季节变化

调查海域COD季节变化较明显，5月（春季）明显低于8月（夏季）。从年际变动来看，COD变动幅度很小，COD变化趋势无明显差异。5月（春季），COD变化趋势为2011年（0.723 mg/L）＞2012年（0.706 mg/L）＝2013年（0.706 mg/L）。8月（夏季），COD变化趋势为2011年（0.996 mg/L）＞2013年（0.994 mg/L）＞2012年（0.945 mg/L）。

（五）质量评价

调查海域水体中COD变化范围为0.228～1.411 mg/L，均符合一类海水质量标准，无超标现象。1992—2011年浙江省舟山海洋生态环境监测站调查显示（贾海波，2014），COD含量均值为1.33～4.10 mg/L，COD总体含量从2002年开始呈逐步下降趋势。与上述历史资料相比，COD含量在2011年、2012年和2013年这3年也基本呈逐年下降的变化趋势，这3年的均值也低于前期历史水平。

六、石油类

（一）调查方法

调查时间和站点布置与前述水温测定相同，石油类采样按《海洋监测规范》执行，采集表层。分析方法采用荧光分光光度法进行测定。

（二）评价方法

采用环境质量单因子评价标准指数法进行海域水质的现状评价，评价标准按照《海水水质标准》执行。

（三）平面分布

1. 2011 年

（1）5 月（春季）　调查期间，石油类浓度变化范围为 0.019～0.043 mg/L，平均值为 0.031 mg/L。由于邻近上海漕泾化工区，北部海域的 1 号站石油类浓度数值明显较高。同时受长江径流影响，外侧海域的 7 号站和 6 号站石油类浓度明显偏高，南部海域的 8 号站石油类浓度则出现低谷值，其余各站石油类浓度分布较为均匀（图 2-44）。

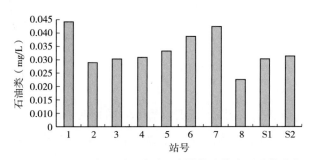

图 2-44　2011 年 5 月（春季）各站位水体中石油类浓度

（2）8 月（夏季）　调查期间，石油类浓度变化范围为 0.021～0.043 mg/L，平均值为 0.032 mg/L。由于邻近上海漕泾化工区，北部海域的 1 号站石油类浓度数值明显较高，受长江径流影响，外侧海域的 6 号站和 7 号站石油类浓度明显高于其他各个测站水平。南部海域的 8 号站石油类浓度明显低于其他区域（图 2-45）。

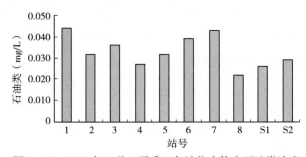

图 2-45　2011 年 8 月（夏季）各站位水体中石油类浓度

2. 2012 年

（1）5 月（春季）　调查期间，石油类浓度变化范围为 0.023～0.046 mg/L，平均值为 0.031 mg/L。外侧海域的 6 号站因受长江径流影响，石油类浓度出现峰值，而北部海域的 1 号站由于邻近上海漕泾化工区，石油类浓度数值明显较高，外侧海域的 7 号站则出现低谷值，其余各站石油类浓度分布较为均匀，其分布趋势与 2011 年基本相同（图 2-46）。

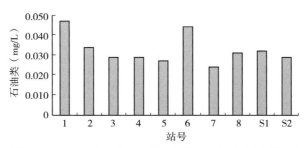

图 2-46　2012 年 5 月（春季）各站位水体中石油类浓度

（2）8 月（夏季）　调查期间，石油类浓度变化范围为 0.013～0.046 mg/L，平均值为 0.033 mg/L。受长江径流影响，外侧海域的 6 号和 7 号站石油类浓度明显高于其他各个测站水平，北部海域的 1 号站石油类浓度数值也较高。南部海域的 8 号站石油类浓度明显低于其他区域，分布趋势与 2011 年基本相同（图 2-47）。

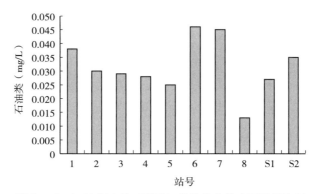

图 2-47　2012 年 8 月（夏季）各站位水体中石油类浓度

3. 2013 年

（1）5 月（春季）　调查期间，石油类浓度变化范围为 0.021～0.046 mg/L，平均值为 0.030 mg/L。北部海域的 1 号站石油类浓度明显高于其他各站，外侧海域的 6 号和 7 号站石油类浓度也相对较高，南部海域的 8 号站则出现低谷值，分布趋势与 2011 年和 2012 年基本相同（图 2-48）。

（2）8 月（夏季）　调查期间，石油类浓度变化范围为 0.018～0.039 mg/L，平均值为 0.030 mg/L。北部海域的 1 号站石油类浓度明显高于其他各个测站水平，外侧海域的 6 号站和 7 号站因受长江径流影响，石油类浓度明显高于其他区域，南部海域的 8 号站则石油类浓度最低，分布趋势与 2011 年和 2012 年基本相同（图 2-49）。

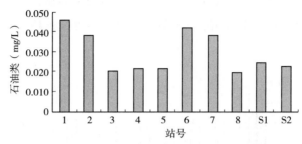

图 2-48　2013 年 5 月（春季）各站位石油类浓度

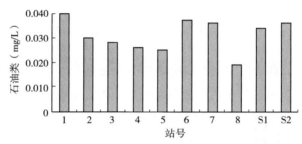

图 2-49　2013 年 8 月（夏季）各站位水体中石油类浓度

（四）季节变化

调查海域石油类浓度季节变化不明显，5 月（春季）基本与 8 月（夏季）持平。从年际变动来看，石油类浓度变动幅度很小，石油类浓度变化趋势无明显差异。5 月（春季），石油类浓度变化趋势为 2011 年（0.031 mg/L）＝2012 年（0.031 mg/L）＞2013 年（0.030 mg/L）。8 月（夏季），石油类浓度变化趋势为 2012 年（0.033 mg/L）＞2011 年（0.032 mg/L）＞2013 年（0.030 mg/L）。

（五）质量评价

调查海域水体中石油类浓度含量均符合一类海水质量标准，无超标现象。

七、重金属

（一）调查方法

调查时间和站点布置与前述水温测定相同，重金属采样按《海洋监测规范》执行，采集表、底层。分析方法采用原子吸收分光光度法和原子荧光光度法进行测定。

（二）评价方法

采用环境质量单因子评价标准指数法进行海域水质的现状评价，评价标准按照《海水水质标准》执行。

（三）变化趋势

1. 铜

（1）5月（春季）　调查海域水体中铜含量变化范围为 1.67～4.24 $\mu g/L$。2011 年、2012 年和 2013 年各年水体中铜含量平均值分别为 2.80 $\mu g/L$、2.67 $\mu g/L$ 和 2.70 $\mu g/L$，年际变动不明显。高值区主要集中于中部海域的 3 号站、4 号站和南部海域的 5 号站。

（2）8月（夏季）　调查海域水体中铜含量变化范围为 1.10～3.98 $\mu g/L$。2011 年、2012 年和 2013 年各年水体中铜含量平均值分别为 2.84 $\mu g/L$、2.81 $\mu g/L$ 和 2.84 $\mu g/L$，年际波幅较小。高值区主要集中于内侧海域的 S1 号站、南部海域的 S2 号站和北部海域的 2 号站。调查海域水体中铜含量的季节变化不显著（图 2-50）。

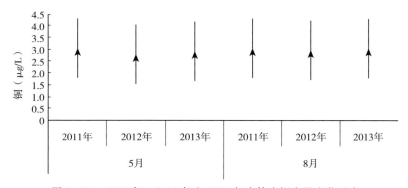

图 2-50　2011 年、2012 年和 2013 年水体中铜含量变化示意

2. 锌

（1）5月（春季）　调查海域水体中锌含量变化范围为 9.36～13.85 $\mu g/L$。2011 年、2012 年和 2013 年各年水体中锌含量平均值分别为 12.06 $\mu g/L$、11.79 $\mu g/L$ 和 11.36 $\mu g/L$，年际变动不明显。高值区主要集中于北部海域的 1 号站、中部海域的 4 号站和南部海域的 8 号站。

（2）8月（夏季）　调查海域水体中锌含量变化范围为 2.01～14.04 $\mu g/L$。2011 年、2012 年和 2013 年各年水体中锌含量平均值分别为 7.30 $\mu g/L$、7.23 $\mu g/L$ 和 7.20 $\mu g/L$，年际波幅较小。高值区主要集中于北部海域的 1 号站、中部海域的 4 号站和南部海域的 8 号站。调查海域水体中锌含量的季节变化较显著，5 月（春季）明显高于 8 月（夏季）（图 2-51）。

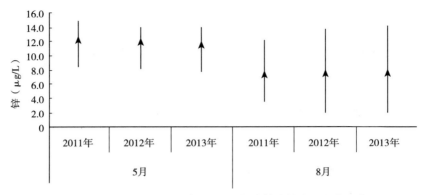

图 2-51　2011 年、2012 年和 2013 年水体中锌含量变化示意

3. 铅

（1）5 月（春季）　调查海域水体中铅含量变化范围为 1.71～4.43 $\mu g/L$。2011 年、2012 年和 2013 年各年水体中铅含量平均值分别为 3.08 $\mu g/L$、3.01 $\mu g/L$ 和 2.85 $\mu g/L$，年际变动不明显。高值区主要集中于中部海域的 4 号站和 3 号站。

（2）8 月（夏季）　调查海域水体中铅含量变化范围为 0.34～2.69 $\mu g/L$。2011 年、2012 年和 2013 年各年水体中铅含量平均值分别为 1.17 $\mu g/L$、1.17 $\mu g/L$ 和 1.16 $\mu g/L$，年际波幅较小。高值区主要集中于北部海域的 1 号站和中部海域的 4 号站。调查海域水体中铅含量的季节变化较显著，5 月（春季）明显高于 8 月（夏季）（图 2-52）。

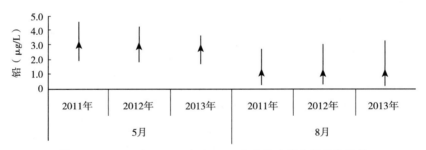

图 2-52　2011 年、2012 年和 2013 年水体中铅含量变化示意

4. 镉

（1）5 月（春季）　调查海域水体中镉含量变化范围为 0.21～0.46 $\mu g/L$。2011 年、2012 年和 2013 年各年水体中镉含量平均值分别为 0.32 $\mu g/L$、0.31 $\mu g/L$ 和 0.32 $\mu g/L$，年际变动不明显。高值区主要集中于北部海域的 1 号站和外侧海域的 7 号站。

（2）8 月（夏季）　调查海域水体中镉含量变化范围为 0.14～0.71 $\mu g/L$。2011 年、2012 年和 2013 年各年镉含量平均值分别为 0.28 $\mu g/L$、0.27 $\mu g/L$ 和 0.27 $\mu g/L$，年际波幅较小。高值区主要集中于中部海域的 4 号站。调查海域水体中镉含量的季节变化不显著，5 月（春季）略高于 8 月（夏季）（图 2-53）。

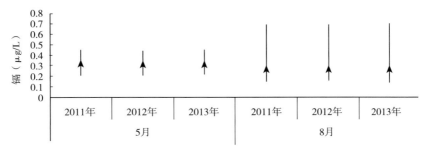

图 2-53　2011 年、2012 年和 2013 年水体中镉含量变化示意

5. 汞

（1）5 月（春季）　调查海域水体中汞含量变化范围为 0.029～0.074 μg/L。2011 年、2012 年和 2013 年各年水体中汞含量平均值分别为 0.050 μg/L、0.062 μg/L 和 0.059 μg/L，年际变动不明显。高值区主要集中于外侧海域的 6 号站和 7 号站。

（2）8 月（夏季）　调查海域水体中汞含量变化范围为 0.049～0.081 μg/L。2011 年、2012 年和 2013 年各年水体中汞含量平均值分别为 0.057 μg/L、0.057 μg/L 和 0.056 μg/L，年际波幅较小。高值区主要集中于外侧海域的 7 号站。调查海域水体中汞含量的季节变化不显著（图 2-54）。

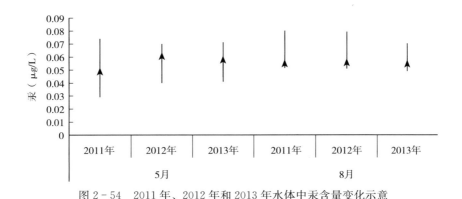

图 2-54　2011 年、2012 年和 2013 年水体中汞含量变化示意

6. 砷 *

（1）5 月（春季）　调查海域水体中砷含量变化范围为 1.45～3.83 μg/L。2011 年、2012 年和 2013 年各年砷含量平均值分别为 2.66 μg/L、2.61 μg/L 和 2.42 μg/L，年际变动不明显。高值区主要集中于南部海域的 8 号站和 5 号站。

（2）8 月（夏季）　调查海域水体中砷含量变化范围为 1.21～3.86 μg/L。2011 年、2012 年和 2013 年各年砷含量平均值分别为 2.50 μg/L、2.48 μg/L 和 2.43 μg/L，年际波

＊：砷（As）是一种类金属元素，具有金属元素的一些特性，在环境污染研究中通常被归为重金属，本书在相关研究中也将砷列为重金属予以分析。

幅较小。高值区主要集中于中部海域的 3 号和南部海域的 8 号站。调查海域水体中砷含量的季节变化不显著（图 2 - 55）。

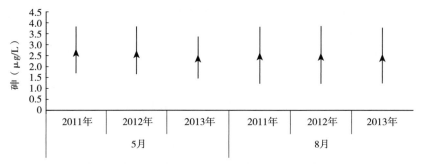

图 2 - 55　2011 年、2012 年和 2013 年水体中砷含量变化示意

（四）质量评价

调查海域水体中铜、锌、铅、镉、汞和砷浓度含量均符合一类海水质量标准，无超标现象。

八、营养结构分析与评价

（一）分析方法

1. 有机污染评价

根据国家《海水水质标准》中限定的二类海水中 COD 含量（3 mg/L）、无机氮含量（0.3 mg/L）、活性磷酸盐含量（0.03 mg/L）、溶解氧含量（5 mg/L）的标准值进行评价。

有机污染评价：采用海水有机污染评价法（贾小平 等，2003）对调查海域水体中各有机污染程度进行综合评价，其评价公式如下：

$$A = \frac{COD_i}{COD_s} + \frac{DIN_i}{DIN_s} + \frac{DIP_i}{DIP_s} - \frac{DO_i}{DO_s}$$

式中：A——有机污染指数；

COD_i——化学需氧量的实测值；

DIN_i——无机氮的实测值；

DIP_i——活性磷酸盐的实测值；

DO_i——溶解氧的实测值；

COD_s——化学需氧量的海水水质标准；

DIN_s——无机氮的海水水质标准；

DIP_s——活性磷酸盐的海水水质标准；

DO_s——溶解氧的海水水质标准。

有机污染评价指数分级标准见表2-2。

表2-2　海水有机污染评价分级

有机污染（A）	等级	质量评价
<0	1	优良
0～1	2	清洁
1～2	3	较清洁
2～3	4	轻度污染
3～4	5	中度污染
>4	6	严重污染

2. 富营养化指数评价

采用富营养化指数（邹景忠，1983）进行评价，其水平划分等级见表2-3。计算公式为：

$$E = \frac{C_{COD} \times C_{DIN} \times C_{PO_4-P}}{1500}$$

式中：E——海水营养水平指数，其水平分级见表2-3；

C_{COD}——海水中化学需氧量的实测浓度值，mg/L；

C_{DIN}——海水中无机氮的实测浓度值，$\mu g/L$；

C_{PO_4-P}——海水中磷酸盐的实测浓度值，$\mu g/L$。

表2-3　海水营养水平分级

营养水平	贫营养	轻度富营养	中度富营养	重度富营养	严重富营养
E	<1.0	1～2	2～5	5～15	>15

（二）营养评价

春季，调查海域的 N/P 基本为 7.71～8.56，远小于 Redfield 值（海水中浮游生物的 C、N、P 比平均约为 106∶16∶1），表明无机氮可能成为杭州湾海域浮游植物生长的限制因子。夏季，调查海域的 N/P 基本为 18 左右，接近 Redfield 值，说明海域营养盐基本能满足浮游植物生长的需要。有机污染评价 A 值（以二类海水水质标准为评价基准），春季 A 值均为 1～2，可认为海域较清洁。夏季 A 值均为 2～3，可认为海域轻度污染（表2-4）。上述季节特征，可能与夏季为丰水期，陆源径流加大，携带较多的陆源污染物进入海域有关。富营养化指数（E）在 5 月（春季）为 9 左右，按照海水营养水平分级，表明杭州湾海域重度富营养化；8 月（夏季）E 为 20 以上，按照海水营养水平分级，表明杭州湾海域严重富营养化。

表 2-4 杭州湾海域营养结构与营养评价

调查时间	无机氮 （mg/L）	磷酸盐 （mg/L）	N/P	化学耗氧量 （mg/L）	溶解氧 （mg/L）	A	E
2011 年 5 月	0.411	0.048	8.56	0.723	8.09	1.35	9.51
2011 年 8 月	0.862	0.047	18.34	0.996	7.17	2.99	26.90
2012 年 5 月	0.393	0.051	7.71	0.706	7.61	1.49	9.43
2012 年 8 月	0.850	0.042	20.24	0.945	7.15	2.80	22.49
2013 年 5 月	0.408	0.048	8.50	0.706	7.48	1.46	9.22
2013 年 8 月	0.862	0.046	18.74	0.994	7.15	2.98	26.28

（三）环境质量评价

杭州湾海域主要营养盐分布与差异变化主要是由于长江、钱塘江径流、浙江沿岸流、台湾暖流和光合作用的共同结果。这种影响因地理位置不同而有所不同，且呈现明显的季节差异。5 月（春季），浙江沿岸流退缩，台湾暖流向北伸展且靠岸，长江冲淡水向东北方向流去，此时浙江沿海海水盐度升高，营养盐含量由北向南降低，从湾内向外口降低。8 月（夏季），沿岸径流加大，冲淡水势力增强，携带更为丰度的营养盐进入湾内，但湾内盐度整体降低明显。杭州湾近岸海域盐度受长江、钱塘江、曹娥江等江浙沿岸流的影响，水体盐度常年偏低。水体中 DO、COD、石油类及重金属含量基本都符合一类海水水质标准，但无机氮和磷酸盐超标比较严重，从湾口侧向湾内水体富营养化程度逐渐加重，水体富营养化程度较高，水体污染严重，水质以四类和超四类海水为主。

第三节　海洋沉积物

一、重金属

（一）调查方法

调查时间和站点布置与水温同步进行，重金属采样按《海洋监测规范》执行，采集表层沉积物。分析方法采用原子吸收分光光度法和原子荧光光度法进行测定。

（二）评价方法

采用环境质量单因子评价标准指数法进行海域沉积物的现状评价，评价标准按照《海洋沉积物质量》执行。

（三）变化趋势

1. 铜

5月（春季），调查海域沉积物中铜含量变化范围为 21.39～43.67 mg/kg。2011 年、2012 年和 2013 年各年铜含量平均值分别为 31.09 mg/kg、29.63 mg/kg 和 29.93 mg/kg，年际变动不明显。高值区主要集中于北部海域的 1 号站。8月（夏季），调查海域沉积物中铜含量变化范围为 15.84～31.21 mg/kg。2011 年、2012 年和 2013 年各年铜含量平均值分别为 23.79 mg/kg、23.72 mg/kg 和 23.96 mg/kg，年际波幅较小。高值区主要集中于北部海域的 1 号站。调查海域沉积物中铜含量的季节变化不显著（图 2 - 56）。

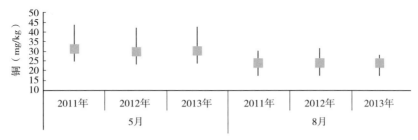

图 2 - 56　2011 年、2012 年和 2013 年沉积物中铜含量变化示意

2. 锌

5月（春季），调查海域沉积物中锌含量变化范围为 93.1～185.57 mg/kg。2011 年、2012 年和 2013 年各年锌含量平均值分别为 142.30 mg/kg、135.65 mg/kg 和 133.13 mg/kg，年际变动不明显。高值区主要集中于南部海域的 8 号站。8月（夏季），调查海域沉积物中锌含量变化范围为 104.57～184.96 mg/kg，2011 年、2012 年和 2013 年各年锌含量平均值分别为 157.63 mg/kg、157.48 mg/kg 和 153.78 mg/kg，年际波幅较小。高值区主要集中于外侧海域的 6 号站。调查海域沉积物中锌含量的季节变化不显著（图 2 - 57）。

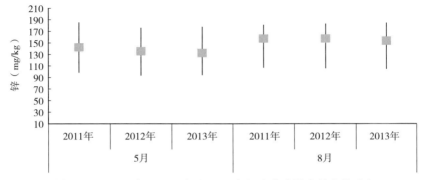

图 2 - 57　2011 年、2012 年和 2013 年沉积物中锌含量变化示意

3. 铅

5月（春季），调查海域沉积物中铅含量变化范围为 16.93～35.48 mg/kg。2011 年、

2012 年和 2013 年各年铅含量平均值分别为 22.97 mg/kg、21.88 mg/kg 和 21.43 mg/kg，年际变动不明显。高值区主要集中于中部海域的 4 号站。8 月（夏季），调查海域沉积物中铅含量变化范围为 13.40～53.63 mg/kg。2011 年、2012 年和 2013 年各年铅含量平均值分别为 22.47 mg/kg、22.43 mg/kg 和 21.83 mg/kg，年际波幅较小。高值区主要集中于湾北部海域的 1 号站。调查海域沉积物中铅含量的季节变化不显著（图 2-58）。

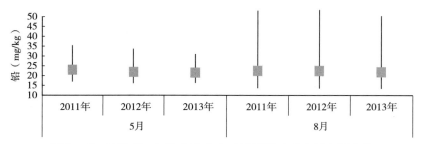

图 2-58　2011 年、2012 年和 2013 年沉积物中铅含量变化示意

4. 镉

5 月（春季），调查海域沉积物中镉含量变化范围为 0.57～1.04 mg/kg。2011 年、2012 年和 2013 年各年镉含量平均值分别为 0.80 mg/kg、0.77 mg/kg 和 0.75 mg/kg，年际变动不明显。高值区主要集中于中部海域的 4 号站。8 月（夏季），调查海域沉积物中镉含量变化范围为 0.30～0.98 mg/kg。2011 年，2012 年和 2013 年各年镉含量平均值分别为 0.69 mg/kg、0.69 mg/kg 和 0.67 mg/kg，年际波幅较小。高值区主要集中于中部海域的 4 号站海域。调查海域沉积物中镉含量的季节变化不显著，5 月（春季）略高于 8 月（夏季）（图 2-59）。

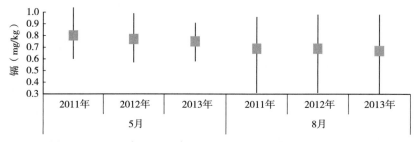

图 2-59　2011 年、2012 年和 2013 年沉积物中镉含量变化示意

5. 汞

5 月（春季），调查海域沉积物中汞含量变化范围为 0.040～0.110 mg/kg。2011 年、2012 年和 2013 年各年汞含量平均值分别为 0.063 mg/kg、0.060 mg/kg 和 0.059 mg/kg，年际变动不明显。高值区主要集中于北部海域的 2 号站。8 月（夏季），调查海域沉积物中汞含量变化范围为 0.043～0.090 mg/kg。2011 年、2012 年和 2013 年各年汞含量平均值分别为 0.066 mg/kg、0.066 mg/kg 和 0.065 mg/kg，年际波幅较小。高值区主要集中于湾内侧北岸海域的 2 号站。调查海域沉积物中汞含量的季节变化不显著（图 2-60）。

图 2-60　2011 年、2012 年和 2013 年沉积物中汞含量变化示意

6. 砷

5 月（春季），调查海域沉积物中砷含量变化范围为 4.39～25.87 mg/kg。2011 年、2012 年和 2013 年各年砷含量平均值分别为 13.21 mg/kg、12.61 mg/kg 和 12.25 mg/kg，年际变动不明显。高值区主要集中于中部海域的 4 号站。8 月（夏季），调查海域沉积物中砷含量变化范围为 10.69～23.51 mg/kg。2011 年、2012 年和 2013 年各年砷含量平均值分别为 15.31 mg/kg、15.26 mg/kg 和 14.99 mg/kg，年际波幅较小。高值区主要集中于南部海域的 8 号站。调查海域沉积物中砷含量的季节变化不显著（图2-61）。

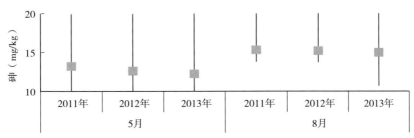

图 2-61　2011 年、2012 年和 2013 年沉积物中砷含量变化示意

（四）质量评价

调查海域沉积物中各重金属（铜、锌、铅、镉、汞和砷）含量均符合一类海洋沉积物质量标准，无超标现象。杭州湾表层沉积物基本未受到重金属污染。

二、石油类

（一）调查方法

调查时间和站点布置与水温同步进行，石油类采样按《海洋监测规范》执行，采集表层沉积物。分析方法采用紫外分光光度法进行测定。

（二）评价方法

采用环境质量单因子评价标准指数法进行海域沉积物的现状评价，评价标准按照

《海洋沉积物质量》执行。

（三）变化趋势

5月（春季），调查海域沉积物中石油类含量变化范围为13.67～28.18 mg/kg。2011年、2012年和2013年各年石油类含量平均值分别为 21.54 mg/kg、24.23 mg/kg 和20.48 mg/kg，年际变动不明显。高值区主要集中于外侧海域的7号和8号站海域。8月（夏季），调查海域沉积物中石油类含量变化范围为14.75～26.88 mg/kg。2011年、2012年和2013年各年石油类含量平均值分别为19.20 mg/kg、19.23 mg/kg 和 15.95 mg/kg，年际波幅较小。高值区主要集中于外侧海域的7号站及中部海域的4号站。调查海域沉积物中石油类含量的季节变化不显著，5月（春季）略高于8月（夏季）（图2-62）。

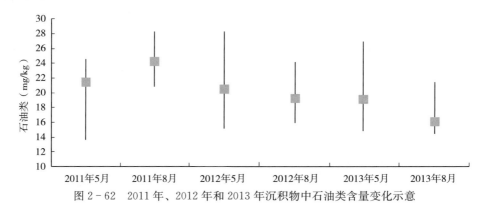

图2-62 2011年、2012年和2013年沉积物中石油类含量变化示意

（四）质量评价

调查海域2011年、2012年和2013年沉积物中石油类含量均值维持在15～20 mg/kg，均符合一类海洋沉积物质量标准，无超标现象，表明杭州湾表层沉积物未受到石油污染。

第四节　叶绿素a和初级生产力

一、叶绿素a

（一）调查方法

调查时间和站点布置与水温同步进行，叶绿素a采样按《海洋监测规范》执行。使用有机玻璃采水器采集不同水层水样，入水前检查采水器的完整性和密闭性，准确放至预定水层，每层水样取 500 mL，在船上用 0.45 μm 混合纤维素酯滤膜进行减压抽滤，将截留浮游植物细胞的滤膜置于暗处，低温、干燥保存。采用分光光度法在 7230 型分光光度计上测定不同波段光密度值，按叶绿素 a 计算公式计算叶绿素 a 含量，单位为 mg/m³。

（二）基本特征及评价

1. 2011 年 5 月（春季）

2011 年 5 月（春季）调查海区叶绿素 a 表层、底层的分布范围为 1.41～2.31 mg/m³，平均为 1.96 mg/m³（图 2 - 63）。其中，表层的分布范围为 1.41～2.31 mg/m³，平均为 2.08 mg/m³；底层的分布范围为 1.47～2.29 mg/m³，平均为 1.82 mg/m³。表层平均值高于底层。表层叶绿素 a 最高值出现在外侧海域的 6 号站，为 2.31 mg/m³；最低值出现在湾内侧中部海域的 4 号站，为 1.41 mg/m³；其他海域叶绿素 a 的含量分布比较均匀。底层叶绿素 a 最高值出现在湾内侧中部海域的 3 号站，为 2.29 mg/m³；最低值出现在湾内侧中部海域 4 号站，为 1.47 mg/m³；湾内侧北部海域的 1 号站和湾外侧南部海域 8 号站的叶绿素 a 含量也相对较低；其他海域叶绿素 a 的含量分布比较均匀。

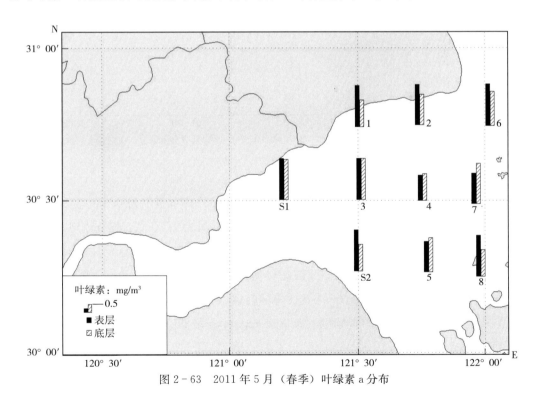

图 2 - 63 2011 年 5 月（春季）叶绿素 a 分布

2. 2011 年 8 月（夏季）

2011 年 8 月（夏季）调查海区叶绿素 a 表层、底层的分布范围为 0.88～3.73 mg/m³，平均为 2.27 mg/m³（图 2 - 64）。其中，表层的分布范围为 1.36～3.06 mg/m³，平均为

2.30 mg/m³；底层的分布范围为 0.88～3.73 mg/m³，平均为 2.24 mg/m³。表层平均值高于底层。表层叶绿素 a 最高值出现在湾外侧海域的 6 号站，为 3.06 mg/m³；最低值出现在内侧海域 S1 号站，为 1.36 mg/m³。底层叶绿素 a 最高值出现在南部海域的 5 号站，为 3.73 mg/m³；最低值出现在湾内侧北部海域的 2 号站，为 0.88 mg/m³。

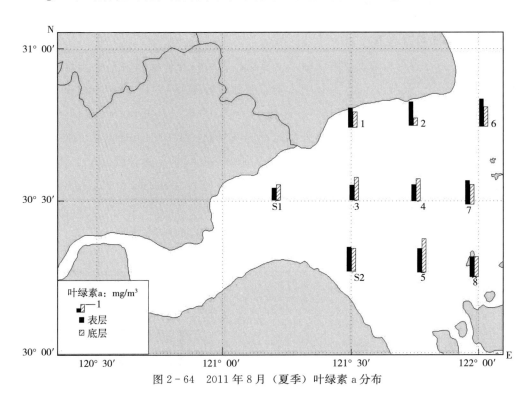

图 2-64　2011 年 8 月（夏季）叶绿素 a 分布

3. 2012 年 5 月（春季）

2012 年 5 月（春季）调查海区叶绿素 a 表层、底层的分布范围为 0.88～3.88 mg/m³，平均为 2.43 mg/m³（图 2-65）。其中，表层的分布范围为 1.70～3.88 mg/m³，平均为 2.80 mg/m³；底层的分布范围为 0.88～2.65 mg/m³，平均为 2.06 mg/m³。表层平均值高于底层。表层叶绿素 a 最高值出现在北部海域的 2 号站，为 3.88 mg/m³；最低值出现在南部海域的 8 号站，为 1.70 mg/m³；其他海域叶绿素 a 值含量相对比较均匀。底层叶绿素 a 最高值出现在中部海域的 4 号站，为 2.65 mg/m³；最低值出现在北部海域的 1 号站，为 0.88 mg/m³。

4. 2012 年 8 月（夏季）

2012 年 8 月（夏季）调查海区叶绿素 a 表层、底层的分布范围为 1.88～3.71 mg/m³，平均为 2.47 mg/m³（图 2-66）。其中，表层的分布范围为 1.88～3.71 mg/m³，平均为 2.66 mg/m³；底层的分布范围为 1.98～2.79 mg/m³，平均为 2.28 mg/m³。表层平均值高于底层。表层叶绿素 a 最高值出现在北部海域的 2 号站，为 3.71 mg/m³；最低值出现在内侧海域的 S1 号站，为 1.88 mg/m³；其他海域分布较为均匀。底层叶绿素 a 最高值出现在中部海域的 3 号站，为 2.79 mg/m³；最低值出现在北部海域的 2 号站，为 1.98 mg/m³。

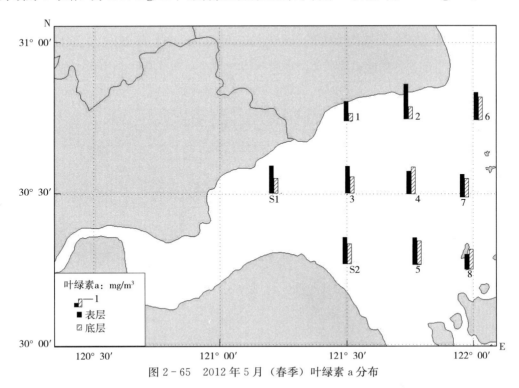

图 2-65　2012 年 5 月（春季）叶绿素 a 分布

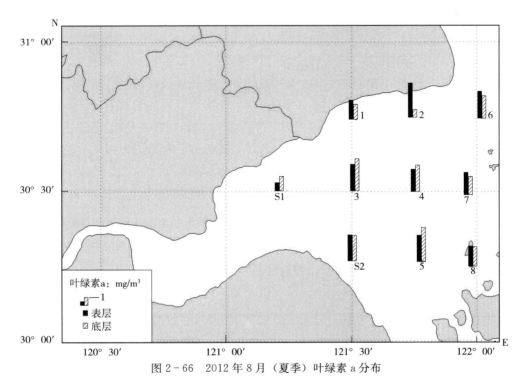

图 2-66　2012 年 8 月（夏季）叶绿素 a 分布

5. 2013 年 5 月（春季）

2013 年 5 月（春季）调查海区叶绿素 a 表层、底层的分布范围为 0.84～3.06 mg/m³，平均为 2.08 mg/m³（图 2-67）。其中，表层的分布范围为 0.84～3.06 mg/m³，平均为 2.06 mg/m³；底层的分布范围为 0.85～2.95 mg/m³，平均为 2.09 mg/m³，底层平均值高于表层。表层叶绿素 a 最高值出现在中部海域的 4 号站，为 3.06 mg/m³；最低值出现在南部海域的 S2 号站，为 0.84 mg/m³。底层叶绿素 a 最高值出现在北部海域的 2 号站，为 2.95 mg/m³；最低值出现在南部内侧海域的 S2 号站，为 0.85 mg/m³。

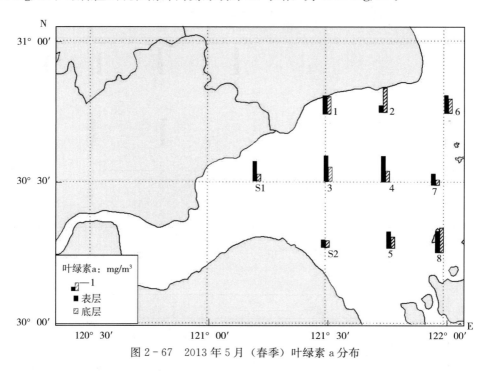

图 2-67　2013 年 5 月（春季）叶绿素 a 分布

6. 2013 年 8 月（夏季）

2013 年 8 月（夏季）调查海区叶绿素 a 表层、底层的分布范围为 1.23～3.34 mg/m³，平均为 2.22 mg/m³（图 2-68）。其中，表层的分布范围为 1.23～3.34 mg/m³，平均为 2.25 mg/m³；底层的分布范围为 1.49～3.03 mg/m³，平均为 2.19 mg/m³。表层平均值高于底层。表层叶绿素 a 最高值出现在北部海域的 2 号站，为 3.34 mg/m³；最低值出现在中部内侧海域的 S2 号站，为 1.23 mg/m³。底层叶绿素 a 最高值出现在南部海域的 5 号站，为 3.03 mg/m³；最低值出现在南部海域的 8 号站，为 1.49 mg/m³。

7. 季节变化

调查海域叶绿素 a 季节变动差异性比较显著，夏季长江及钱塘江等径流增加，带来了丰富的营养盐，浮游植物得以大量繁殖，出现叶绿素 a 高值。5 月（春季）小于 8 月（夏季）。湾外侧由于长江径流携带的大量泥沙，形成高悬浮体引起水体透明度降低，使得浮

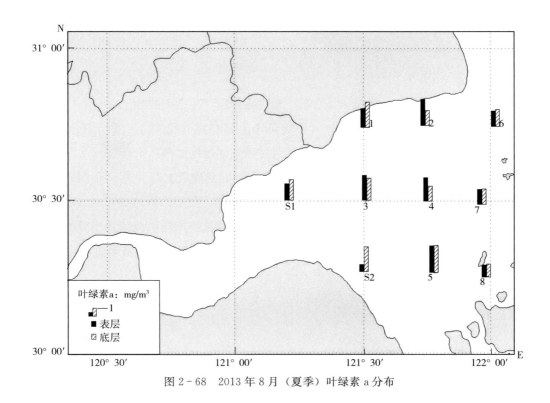

图 2-68 2013 年 8 月（夏季）叶绿素 a 分布

游植物光合作用减弱，因而影响了该区域浮游植物的繁殖，叶绿素 a 含量偏低。从年际变动来看，5 月（春季），2012 年（2.43 mg/m³）＞2013 年（2.08 mg/m³）＞2011 年（1.96 mg/m³）；8 月（夏季），2012 年（2.47 mg/m³）＞2011 年（2.27 mg/m³）＞2013 年（2.22 mg/m³）。三年季节变化规律起伏波动较小。

二、初级生产力

（一）调查方法

调查时间和站点布置与水温同步进行，采用叶绿素法，按照 Cadée 等提出的简化公式计算（Cadée，1974），公式为：

$$C_{Chla} = (Ps \times E \times D)/2$$

式中：C_{Chla}——初级生产力，以每天每平方米所产生的碳的数量（mg）计；

　　　Ps——表层水中浮游植物的潜在生产力，以每小时每平方米所产生的碳的数量（mg）计；

　　　E——真光层深度（m）；

　　　D——日照时间（h）。

其中，表层水（1 m 以内）中浮游植物的潜在生产力（Ps）根据表层水中叶绿素 a 含量计算：

$$Ps = C_aQ$$

式中：Ps——潜在生产力；

C_a——表层水中叶绿素 a 含量，每立方米所产生的碳的数量（mg）；

Q——同化系数，以碳计，采用每小时每毫克叶绿素 a 产生 5.0 mg 碳计算（Ryther，1957）；真光层深度取透明度的 3 倍。

叶绿素 a 采样按《海洋监测规范》执行，使用有机玻璃采水器采集不同水层水样，入水前检查采水器的完整性和密闭性，准确放至预定水层，每层水样取 500 mL，在船上用 0.45 μm 混合纤维素酯滤膜进行减压抽滤，将截留浮游植物细胞的滤膜置于暗处，低温、干燥保存。采用分光光度法在 7230 型分光光度计上测定不同波段光密度值，按叶绿素 a 计算公式计算叶绿素 a 含量，单位为 mg/m³。

（二）基本特征及评价

1. 2011 年 5 月（春季）

初级生产力分布范围为每天每平方米产生 23.09～80.11 mg 碳，平均为每天每平方米产生 23.92 mg 碳；最高值出现在湾外侧的 8 号站，为每天每平方米产生 80.11 mg 碳，最低值出现在外侧海域的 7 号站，为每天每平方米产生 23.09 mg 碳（图 2-69）。

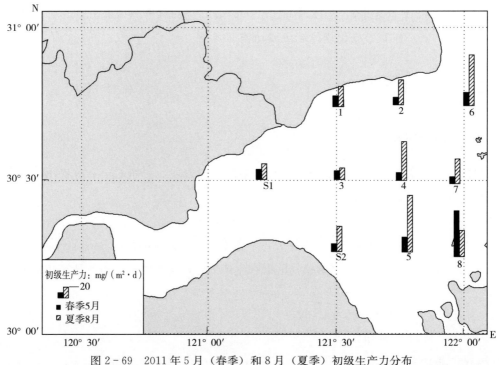

图 2-69　2011 年 5 月（春季）和 8 月（夏季）初级生产力分布

2. 2011 年 8 月（夏季）

初级生产力分布范围为每天每平方米产生 21.06～98.37 mg 碳，平均为每天每平方米产生 51.81 mg 碳；最高值出现在南部海域的 5 号站，为每天每平方米产生 98.37 mg 碳，最低值出现在中部海域的 3 号站，为每天每平方米产生 21.06 mg 碳（图 2-69）。

3. 2012 年 5 月（春季）

初级生产力分布范围为每天每平方米产生 14.57～138.37 mg 碳，平均为每天每平方米产生 44.77 mg 碳；最高值出现在北部海域的 2 号站，为每天每平方米产生 138.37 mg 碳；最低值出现在南部海域的 S2 号站，为每天每平方米产生 14.57 mg 碳（图 2-70）。

4. 2012 年 8 月（夏季）

初级生产力分布范围为每天每平方米产生 9.89～171.25 mg 碳，平均为每天每平方米产生 76.99 mg 碳；最高值出现在中部海域的 3 号站，为每天每平方米产生 171.25 mg 碳；最低值出现在内侧海域的 S2 号站，为每天每平方米产生 9.89 mg 碳，这可能与长江径流增加，水体中混浊度较高，透明度低，真光层浅影响了初级生产力有关（图 2-70）。

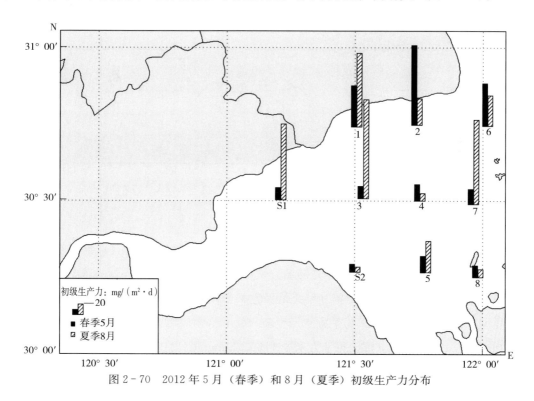

图 2-70　2012 年 5 月（春季）和 8 月（夏季）初级生产力分布

5. 2013 年 5 月（春季）

初级生产力分布范围为每天每平方米产生 7.29～63.15 mg 碳，平均为每天每平方米产生 31.89 mg 碳；最高值出现在中部海域的 3 号站，每天每平方米产生 63.15 mg 碳；最低值出现在南部海域的 S2 号站，每天每平方米产生 7.29 mg 碳（图 2-71）。

6. 2013 年 8 月（夏季）

初级生产力分布范围为每天每平方米产生 9.27～64.25 mg 碳，平均为每天每平方米产生 36.75 mg 碳；最高值出现在中部海域的 4 号站，为每天每平方米产生 64.25 mg 碳；最低值出现在外侧海域的 7 号站，为每天每平方米产生 9.27 mg 碳，这可能与长江径流增加，但水体中混浊度较高，透明度低，真光层浅影响了初级生产力有关（图 2 - 71）。

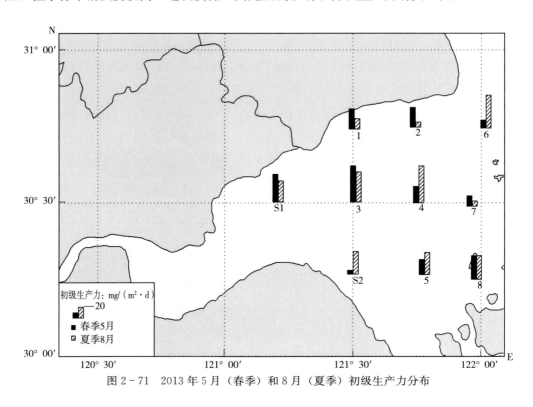

图 2 - 71　2013 年 5 月（春季）和 8 月（夏季）初级生产力分布

7. 季节变化

调查海域初级生产力季节变化显著，8 月（夏季）明显高于 5 月（春季）。从年际变动来看，5 月（春季），2012 年（每天每平方米产生 44.77 mg 碳）＞2013 年（每天每平方米产生 31.89 mg 碳）＞2011 年（每天每平方米产生 23.92 mg 碳）。变动起伏较大，8 月（夏季）为，2012 年（每天每平方米产生 76.99 mg 碳）＞2011 年（每天每平方米产生 51.81 mg 碳）＞2013 年（每天每平方米产生 36.75 mg 碳）。

8. 初级生产力评价

调查海域初级生产力变化范围为每天每平方米产生 23.92～76.99 mg 碳，与其他海域相比（浙江沿岸渔场、舟山渔场和海州湾渔场），本海域初级生产力水平普遍不高（唐启升，2006）。这是由于杭州湾海水含泥沙量较大，混浊度高，透明度低，限制了浮游植物的光合作用，造成了海域初级生产力较低。但与长江口海域相比，本调查海域生产力水平略高于长江口，这主要是长江口泥沙含量更高，透明度低，真光层浅的缘故。

第三章
水生生物资源与评价

第一节　浮游植物

一、调查及分析方法

调查时间为 2012 年 5 月（春季）、8 月（夏季）和 2013 年的 5 月（春季）、8 月（夏季），站位布设与海水水文调查相同。浮游植物样品采用浅水Ⅲ型网自底层至表层作垂直拖网取样。检查流量计是否处于正常状态，网口入水后，下网速度一般不能超过 1 m/s，以采样绳保持紧直为准，当沉锤着底，绳出现松弛时，记下绳长，立即起网，速度保持在 0.5 m/s 左右，在网口未露出水面前不可停车，网口离开水面时减速，用冲水设备自上而下反复冲洗网衣外表面（勿使冲洗海水进入网口），使黏附于网底的标本集中于网底管内。如此反复多次，直至残留标本全部收入标本瓶中。当倾角大于 45°时，应加重沉锤重新取样。按照样品体积的 5%，加入甲醛溶液进行固定。在实验室进行种类鉴定（金德祥，1965；黄宗国，1994）及按个体计数法进行计数、统计和分析，网采浮游植物丰度单位为个/m³。

生态特征值均通过自编程序在计算机上处理得到，采用如下计算公式（郑重，2002）：

1. 优势度

$$Y = \frac{n_i}{N} f_i$$

式中：Y——优势度；

n_i——第 i 种的丰度；

f_i——该种在各站位中出现的频率；

N——总丰度。

取浮游植物优势度 $Y \geqslant 0.02$ 的种为本文优势种。

2. 群落单纯度

$$c = \sum_{i=1}^{S} \frac{n_i^2}{N^2}$$

式中：c——群落单纯度；

S——种类数。

n_i、N 意义与优势度计算公式中相同。

3. 群落丰富度

$$d = (S-1)/\log_2 N$$

式中：d——群落丰富度。

S、N 意义与群落单纯度计算公式中相同。

4. 群落 Shannon - Wiener 多样性

$$H' = \sum_{i=1}^{s} \frac{n_i}{N} \log_2 \frac{n_i}{N}$$

式中：H'——实测多样性指数。

n_i、S、N 意义与优势度及群落单纯度计算公式中相同。

5. 群落均匀度

$$J' = \frac{H'}{\log_2 S}$$

式中：J'——群落均匀度。

S、H' 意义与群落单纯度及多样性计算公式中相同。

二、种类组成

共鉴定浮游植物 4 门 40 属 90 种，其中硅藻 32 属 77 种，甲藻 5 属 9 种、绿藻 2 属 3 种、蓝藻 1 属 1 种。

（一）2012 年

2012 年共鉴定浮游植物 4 门 31 属 60 种，其中硅藻 23 属 50 种，甲藻 5 属 7 种，绿藻 2 属 2 种，蓝藻 1 属 1 种。

5 月（春季）共鉴定浮游植物 3 门 24 属 43 种，其中硅藻 20 属 39 种，甲藻与绿藻均为 2 属 2 种（图 3-1）。硅藻在调查区内浮游植物种类组成和群落结构中占重要地位，占总种数的 90.70%，其细胞丰度占总细胞丰度的 99.79%；甲藻和绿藻的种类皆占总种数的 4.65%，但绿藻的细胞丰度占总丰度的比例较甲藻的高，为 0.17%，甲藻的为 0.04%。

8 月（夏季）共鉴定浮游植物 4 门 24 属 42 种，其中硅藻 16 属 32 种、甲藻为 5 属 7 种、绿藻为 2 属 2 种、蓝藻 1 属 1 种（图 3-2）。硅藻在调查区内浮游植物种类组成和群落结

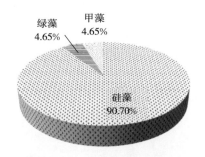

图 3-1　2012 年 5 月（春季）
浮游植物种类组成

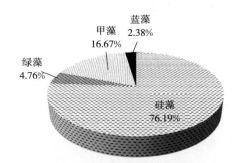

图 3-2　2012 年 8 月（夏季）
浮游植物种类组成

构中占重要地位，占总种数的 76.19％，其细胞丰度占总细胞丰度的 99.01％；其次为甲藻，占总种数的 16.67％，占总细胞丰度的 0.57％；绿藻与蓝藻较少，分别占总种数的4.76％及 2.38％，绿藻占总细胞丰度的 0.57％，而蓝藻不及总丰度的 0.01％。

（二）2013 年

2013 年共鉴定浮游植物 3 门 38 属 65 种，其中硅藻 32 属 55 种，甲藻 4 属 7 种，绿藻2 属 3 种。

5 月（春季）共鉴定浮游植物 3 门 38 属 65 种，其中硅藻 32 属 57 种，甲藻 4 属 5 种，绿藻 2 属 3 种（图 3-3）。硅藻在调查区内浮游植物种类组成和群落结构中占重要地位，占总种数的 87.69％，其细胞丰度占总细胞丰度的 97.34％；其次为甲藻，占总种数的7.69％，其细胞丰度占总细胞丰度的 0.13％；绿藻占总种数的 4.62％，其细胞丰度占总细胞丰度的 2.53％。

8 月（夏季）共鉴定浮游植物 3 门 22 属 37 种，其中硅藻 17 属 30 种，甲藻为 4 属 6种，绿藻为 1 属 1 种（图 3-4）。硅藻在调查区内浮游植物种类组成和群落结构中占重要地位，占总种数的 81.08％，其细胞丰度占总细胞丰度的 98.24％；其次为甲藻，占总种数的16.21％，占总细胞丰度的 1.74％；绿藻占总种数的 2.70％，占总细胞丰度的 0.02％。

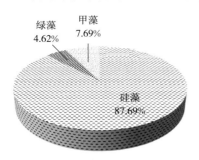

图 3-3　2013 年 5 月（春季）浮游植物种类组成

图 3-4　2013 年 8 月（夏季）浮游植物种类组成

（三）生态类型

杭州湾受长江径流、江浙沿岸流的影响，水体混浊，盐度偏低，浮游植物群落结构主要由以下 5 大类群组成。

1. 近海低盐性类群

代表种为琼氏圆筛藻（*Coscinodiscus jonesianus*）、有棘圆筛藻（*Coscinodiscus spinosus*）、苏氏圆筛藻（*Coscinodiscus thorii*）与中华盒形藻（*Biddulphia sinensis*）等。本类群种类和数量较多，为本海域群落结构组成的重要类群。

2. 近海广温广盐性类群

代表种有温带广布性的中肋骨条藻（*Skeletonema costatum*）、虹彩圆筛藻（*Coscino-*

discus oculusiridis)、蛇目圆筛藻（*Coscinodiscus argus*）与伏氏海毛藻（*Thalassiothrix frauenfeldii*）等。本类群种类最多，其数量在调查区内也占较大比例，也是本海域群落结构组成中的重要类群。

3. 外海高盐度类群

代表种有洛氏角毛藻（*Chaetoceros lorenzianus*）、根管藻属一种（*Rhizosolenia* sp.）与甲藻属一种（*Dinoflagellates* sp.）等。本类群种类和数量较少，对总细胞丰度及分布的影响作用不大。但受海流变化影响，夏季时该类群种类较春季多。

4. 河口半咸水性类群

为适合低盐的种类，分布于河口咸淡水交汇的海域。代表种有具槽直链藻（*Melosira sulcata*）。本类群种类和数量少，其地位和作用相对较低。

5. 淡水性类群

代表种有直链藻属一种（*Melosira* sp.）与纤维藻属一种（*Ankistrodesmus* sp.）等。本类群主要随径流进入本调查区内，种类及其数量均较少。

三、数量分布及季节变化

（一）2012 年

1. 5 月（春季）

5 月（春季），本次调查浮游植物总细胞丰度平均为 35.10×10^4 个/m³（变化范围为 $4.97 \times 10^4 \sim 96.32 \times 10^4$ 个/m³）。根据图 3-5 可知，细胞丰度值最高的出现在北部海域的 2 号站，为 96.32×10^4 个/m³。随着调查线路南下外移，细胞丰度值呈逐渐降低的趋势，最低值出现在南部海域的 8 号站，仅为 4.97×10^4 个/m³。本海区以圆筛藻和中肋骨条藻占优势，中肋骨条藻平均数量 18.54×10^4 个/m³，占总数量的 50% 以上，对浮游植物总量分布起主要支配作用。圆筛藻平均数量 16.69×10^4 个/m³，占总数量的 47.68%，对浮游植物总量分布有一定的调控作用。

2. 8 月（夏季）

8 月（夏季），本次调查浮游植物总细胞丰度平均为 94.60×10^4 个/m³（变化范围为 $15.49 \times 10^4 \sim 334.17 \times 10^4$ 个/m³）。根据图 3-6 可知，细胞丰度分布呈中高边低，其中细胞丰度密集区出现在中部海域的 3 号站，为 334.17×10^4 个/m³；其次为中部海域的 4 号站，为 147.77×10^4 个/m³；最低值为南部海域 8 号站，仅有 15.48×10^4 个/m³。本海区以中肋骨条藻占绝对优势，中肋骨条藻平均数量 38.76×10^4 个/m³，细胞丰度占绝对优势，占总细胞丰度的 40.97%。圆筛藻平均数量为 33.81×10^4 个/m³，占总数量的 35.74%，对浮游植物总量分布有一定的调控作用。

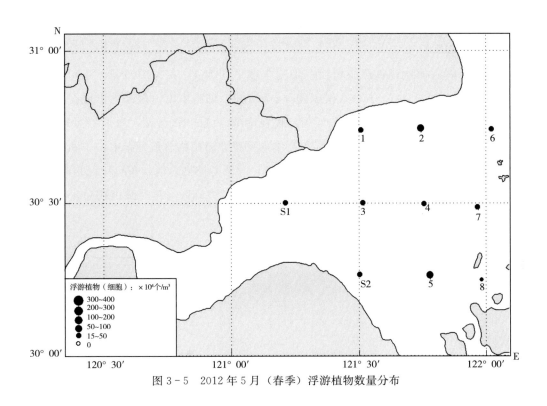

图 3-5 2012 年 5 月（春季）浮游植物数量分布

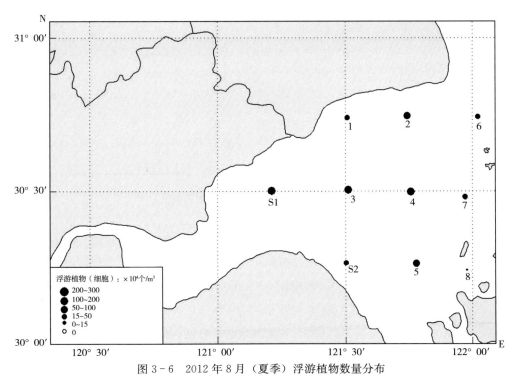

图 3-6 2012 年 8 月（夏季）浮游植物数量分布

（二）2013 年

1. 5 月（春季）

5 月（春季），本次调查浮游植物总细胞丰度平均为 41.52×10^4 个/m³（变化范围为 $1.24 \times 10^4 \sim 125.79 \times 10^4$ 个/m³）。根据图 3-7 可知，细胞丰度值最高的出现在中部海域的 3 号站，为 125.79×10^4 个/m³；最低值出现在南部海域的 S2 号站，为 1.24×10^4 个/m³；本海区以中肋骨条藻和虹彩圆筛藻占优势。本次调查浮游植物总量分布中，中肋骨条藻平均数量 14.93×10^4 个/m³，占总数量的 35.96%，对浮游植物总量分布起一定的调控作用。虹彩圆筛藻平均数量 15.75×10^4 个/m³，占总数量的 37.93%，对浮游植物总量分布起主要支配作用。

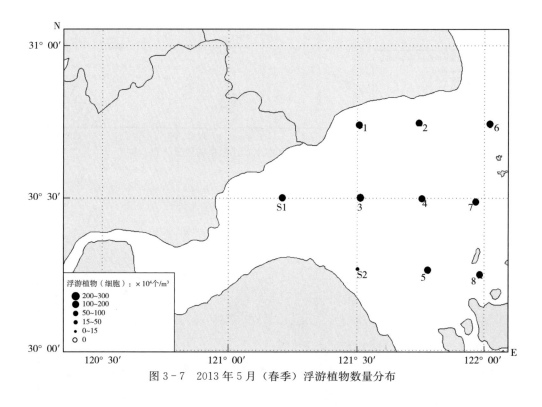

图 3-7　2013 年 5 月（春季）浮游植物数量分布

2. 8 月（夏季）

8 月（夏季），本次调查浮游植物总细胞丰度平均为 167.34×10^4 个/m³（变化范围为 $30.12 \times 10^4 \sim 426.67 \times 10^4$ 个/m³）。根据图 3-8 可知，细胞丰度分布呈中间高两边低，其中细胞丰度值最高出现在中部海域的 4 号站，为 426.67×10^4 个/m³；其次为中部海域 3 号站，为 277.47×10^4 个/m³；最低值为外侧海域的 7 号站，仅有 30.12×10^4 个/m³。本海区以圆筛藻占绝对优势，平均数量 63.36×10^4 个/m³，占总数量的 37.86%，起主要支配作用。中肋骨条藻平均数量 37.80×10^4 个/m³，占总细胞丰度的 27.85%，对浮游植物总量分布有一定的调控作用。

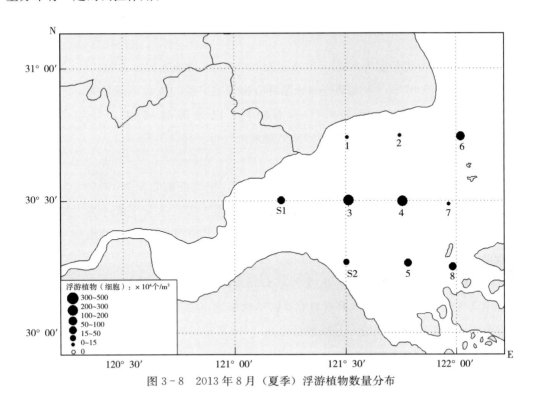

图 3-8 2013 年 8 月（夏季）浮游植物数量分布

四、主要种类

5 月（春季）浮游植物的优势种类为中肋骨条藻、琼氏圆筛藻、虹彩圆筛藻和中华盒形藻、中心圆筛藻及伏氏海毛藻 6 种。而 8 月（夏季）浮游植物的优势种类为中肋骨条藻、琼氏圆筛藻、虹彩圆筛藻、尖刺菱形藻、布氏双尾藻及旋链角毛藻 6 种。

（一）中肋骨条藻

中肋骨条藻是一种广温广盐的近岸性硅藻，在水温 0～37 ℃、盐度 13～36 时均可生长，但其最适增殖温度、盐度范围为 24～28 ℃和 20～30。其生态性质比较复杂，是在我国普遍出现的近岸性硅藻，其生态型可分为北方型和南方型。长江口海域本种在 25 ℃左右、盐度为 14～20 的夏季密集，是常见的赤潮种。为东海近岸常见种类，细胞体积相对微小。

1. 2012 年

5 月（春季）优势度为 0.51，出现率为 100%，平均细胞数量为 18.54×10⁴个/m³，占总细胞丰度的52.81%。如图3-9所示，分布趋势与2012年全海区基本相同，以北部海域的2号站数量最高（54.10×10⁴个/m³），南部海域的8号站数量最低（2.49×10⁴个/m³）。

8月（夏季）优势度为0.41，出现率为100%，平均细胞数量为38.76×10⁴个/m³，占总细胞丰度的40.97%，为本调查海域浮游植物细胞丰度的重要组成种类。如图3-10所示，分布趋势与2012年全海区基本相同，以北部海域的2号站数量最高（80.63×10⁴个/m³），南部海域的S2号站数量最低（11.61×10⁴个/m³）。

2. 2013年

5月（春季）优势度为0.02，出现率为87.5%，平均细胞数量为14.93×10⁴个/m³，占总细胞丰度的35.96%，为本调查海域浮游植物细胞丰度的重要组成种类。如图3-11所示，分布趋势以南部海域的5号站数量最高（53.01×10⁴个/m³），中部海域的S2号站数量较低（0.47×10⁴个/m³），外侧海域的7号站则无分布。

8月（夏季）优势度为0.26，出现率为87.5%，平均细胞数量为37.80×10⁴个/m³，占总细胞丰度的27.85%，为本调查海域浮游植物细胞丰度的重要组成种类。如图3-12所示，分布趋势以南部海域的5号站数量最高（106.57×10⁴个/m³），北部海域的2号站则无分布。

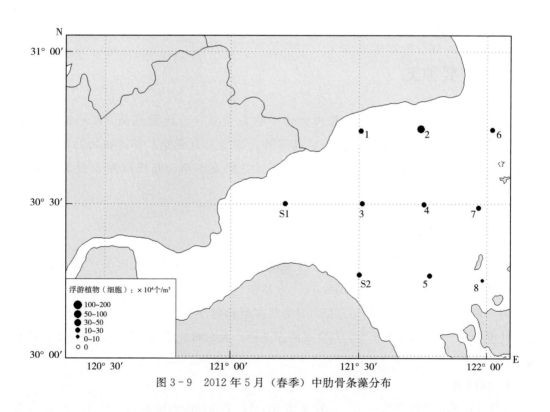

图3-9　2012年5月（春季）中肋骨条藻分布

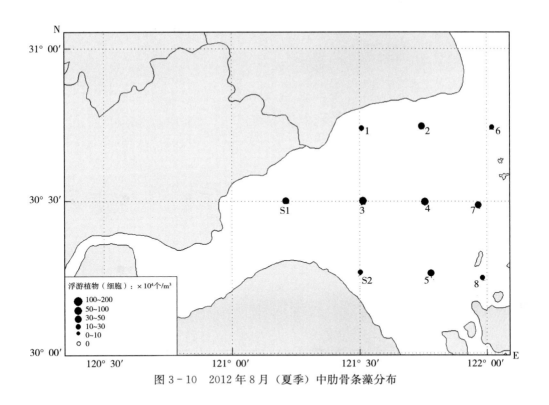

图 3-10 2012 年 8 月（夏季）中肋骨条藻分布

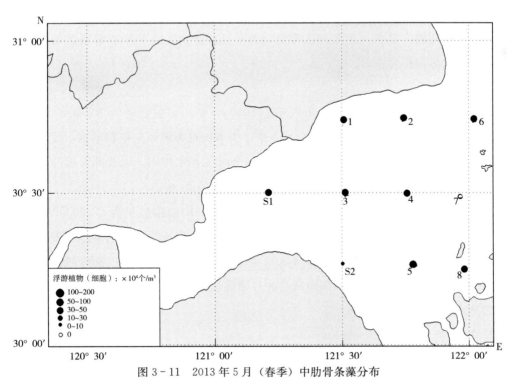

图 3-11 2013 年 5 月（春季）中肋骨条藻分布

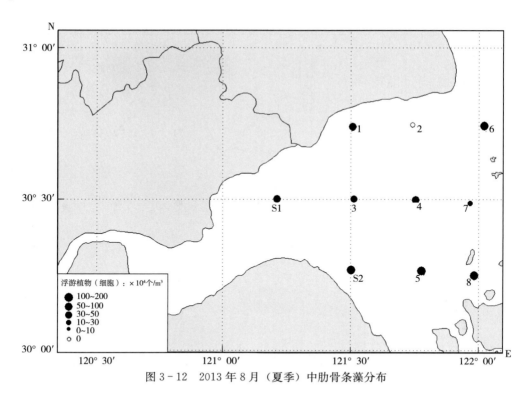

图 3-12　2013 年 8 月（夏季）中肋骨条藻分布

（二）虹彩圆筛藻

虹彩圆筛藻属广温性，在东海区常见，为常见硅藻之一，是调查海域数量较多的种类之一。该种体积相对较大。

1. 2012 年

5 月（春季）优势度为 0.31，出现率为 100%，平均细胞数量为 10.64×10^4 个/m³，占总细胞丰度的 30.31%，仅次于中肋骨条藻，为本调查海域浮游植物细胞丰度的重要组成种类。如图 3-13 所示，分布趋势与 2012 年全海区大致相同，以北部海域的 2 号站数量最高（44.10×10^4 个/m³），南部海域的 8 号站数量最低（0.15×10^4 个/m³）。

8 月（夏季）优势度为 0.14，出现率为 100%，平均细胞数量为 22.64×10^4 个/m³，占总细胞丰度的 23.93%，仅次于中肋骨条藻，为本调查海域浮游植物细胞丰度的重要组成种类。如图 3-14 所示，分布趋势与 2012 年全海区大致相同，以中部海域的 3 号站数量最高（63.01×10^4 个/m³），南部海域的 8 号站数量最低（1.08×10^4 个/m³）。数量呈现湾中部高、两边低的分布趋势。

2. 2013 年

5 月（春季）优势度为 0.38，出现率为 75%，平均细胞数量为 15.75×10^4 个/m³，占总细胞丰度的 37.93%。如图 3-15 所示，分布趋势以中部海域的 S1 号站数量最高（27.08×10^4 个/m³），外侧海域的 7 号站和南部海域的 S2 号站均无分布。

　　8月（夏季）优势度为0.21，出现率为87.5%，平均细胞数量为43.85×10⁴个/m³，占总细胞丰度的26.22%。如图3-16所示，分布趋势以中部海域的4号站数量最高（132.31×10⁴个/m³），北部海域的2号站无数量分布。数量呈现湾中部高、两边低的分布趋势。

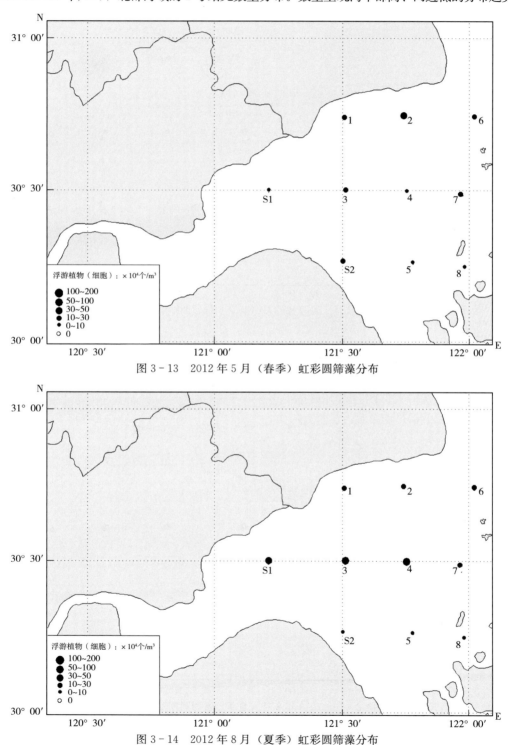

图3-13　2012年5月（春季）虹彩圆筛藻分布

图3-14　2012年8月（夏季）虹彩圆筛藻分布

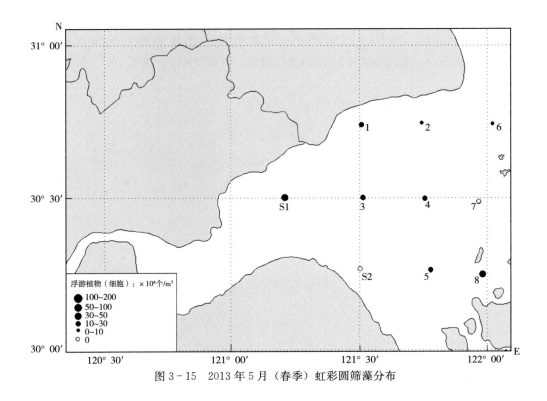

图 3-15　2013 年 5 月（春季）虹彩圆筛藻分布

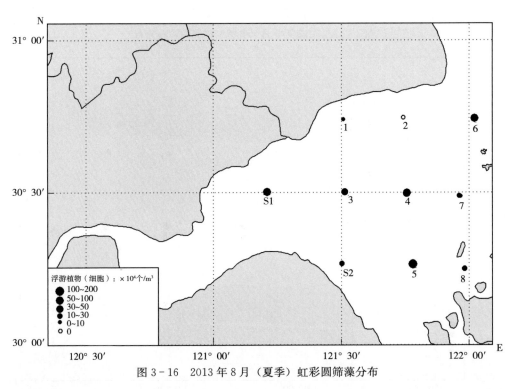

图 3-16　2013 年 8 月（夏季）虹彩圆筛藻分布

（三）琼氏圆筛藻

琼氏圆筛藻为常见近海种类，细胞体积较虹彩圆筛藻略小。

1. 2012 年

5 月（春季）优势度为 0.18，出现率为 75%，平均细胞数量为 6.05×10^4 个/m³，占总细胞丰度的 17.23%。如图 3 - 17 所示，分布趋势以北部海域的 2 号站数量最高（24.10×10^4 个/m³），南部海域 S2 号站数量最低，为 0.26×10^4 个/m³。

8 月（夏季）优势度为 0.10，出现率为 87.5%，平均细胞数量为 11.17×10^4 个/m³，占总细胞丰度的 11.81%。如图 3 - 18 所示，分布趋势以中部海域的 3 号站数量最高（43.31×10^4 个/m³），南部海域的 8 号站数量最低，仅为 0.97×10^4 个/m³。

2. 2013 年

5 月（春季）优势度为 0.28，出现率为 100%，平均细胞数量为 6.39×10^4 个/m³，占总细胞丰度的 15.39%。如图 3 - 19 所示，分布趋势以南部海域的 5 号站数量最高（15.19×10^4 个/m³），外侧海域的 7 号站数量最低，仅为 0.91×10^4 个/m³。数量呈现湾中部高、两边低的分布趋势。

8 月（夏季）优势度为 0.17，出现率为 100%，平均细胞数量为 19.49×10^4 个/m³，占总细胞丰度的 11.65%。如图 3 - 20 所示，分布趋势以中部海域的 3 号站数量最高（98.22×10^4 个/m³），外侧海域的 7 号站数量最低，仅为 0.89×10^4 个/m³。数量呈现湾中部高、两边低的分布趋势。

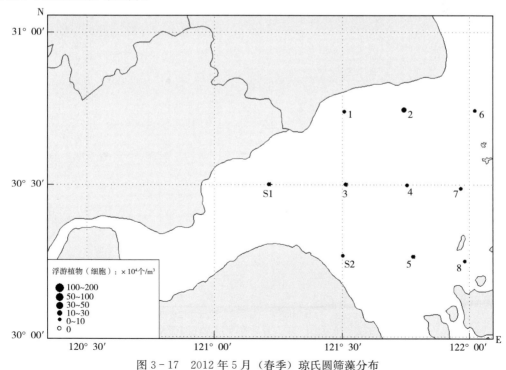

图 3 - 17　2012 年 5 月（春季）琼氏圆筛藻分布

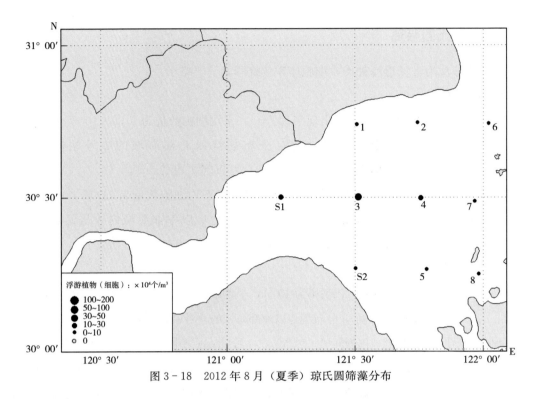

图 3-18　2012 年 8 月（夏季）琼氏圆筛藻分布

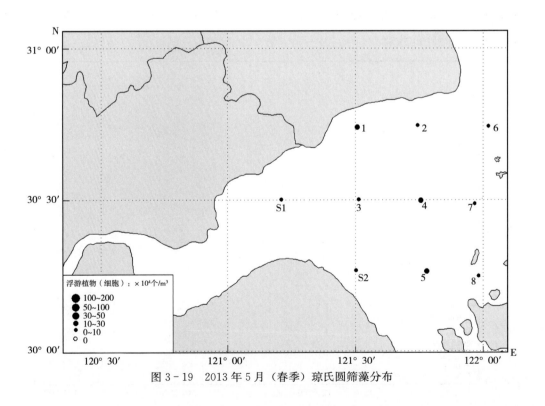

图 3-19　2013 年 5 月（春季）琼氏圆筛藻分布

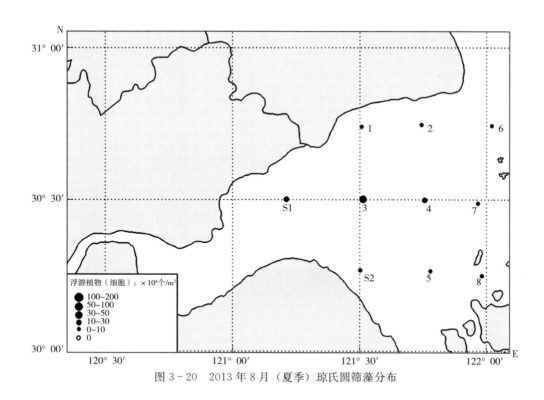

图 3-20 2013 年 8 月（夏季）琼氏圆筛藻分布

（四）中华盒形藻

中华盒形藻为常见近岸种类，细胞体积较大，细胞壁较厚。2012 年 5 月（春季）优势度为 0.04，出现率为 100%，细胞数量为 1.29×10^4 个/m³，占总细胞丰度的 3.67%。2013 年 5 月（春季）优势度为 0.02，出现率为 90%，细胞数量为 1.14×10^4 个/m³，占总细胞丰度的 2.74%。

（五）中心圆筛藻

中心圆筛藻为常见大洋和沿岸种类，适应温度范围甚广。2013 年 5 月（春季）优势度为 0.02，出现率为 95%，细胞数量为 0.88×10^4 个/m³，占总细胞丰度的 2.13%。

（六）伏氏海毛藻

伏氏海毛藻（*Thalassiothrix frauenfeldii*）为外洋广温性种类，分布广。2013 年 5 月（春季）优势度为 0.03，出现率为 100%，细胞数量为 1.36×10^4 个/m³，占总细胞丰度的 3.28%。

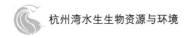

（七）布氏双尾藻

布氏双尾藻（*Ditylum brightwelli*）为常见近岸种类，细胞体积大。2012 年 8 月（夏季）优势度为 0.04，出现率为 100%，细胞数量为 3.04×10^4 个/m³，占总细胞丰度的 3.21%。2013 年 8 月（夏季）优势度为 0.03，出现率为 95%，细胞数量为 4.40×10^4 个/m³，占总细胞丰度的 2.63%。

（八）旋链角毛藻

旋链角毛藻（*Chaetoceros curvisetus*）为常见沿岸性角毛藻种类。2012 年 8 月（夏季）优势度为 0.03，出现率为 95%，细胞数量为 3.64×10^4 个/m³，占总细胞丰度的 3.85%。2013 年 8 月（夏季）优势度为 0.07，出现率为 75%，细胞数量为 13.35×10^4 个/m³，占总细胞丰度的 7.97%。

（九）尖刺菱形藻

尖刺菱形藻（*Nitzschia pungens*）为常见河口半咸水性种类，多呈链接状。2012 年 8 月（夏季）优势度为 0.03，出现率为 100%，细胞数量为 2.27×10^4 个/m³，占总细胞丰度的 2.40%。2013 年 8 月（夏季）优势度为 0.03，出现率为 85%，细胞数量为 4.50×10^4 个/m³，占总细胞丰度的 2.68%。

五、基本特征与评价

（一）群落多样性指数

1. 2012 年

5 月（春季）调查区单纯度均值为 0.41，变化幅度为 0.25～0.98；多样性均值为 1.74，变化幅度为 0.91～2.66；均匀度均值为 0.46，变化幅度为 0.23～0.68；丰富度均值为 0.76，变化幅度为 0.44～1.16。调查海域多样性指数较高，表明物种丰富度较高，个体分布比较均匀，群落结构比较稳定（表 3-1）。

8 月（夏季）调查区单纯度均值为 0.38，变幅为 0.19～0.53；多样性均值为 2.00，变幅为 1.45～3.06；均匀度均值为 0.48，变幅为 0.34～0.76；丰富度均值为 0.88，变幅为 0.52～1.21。调查海域多样性指数较高，表明物种丰富度较高，个体分布比较均匀，群落结构比较稳定（表 3-1）。

按照生物多样性判别海域环境质量标准（$1 \leqslant H' < 3$ 为轻污染），调查海域生态环境质量总体处于轻污染状态。

表 3-1　2012 年浮游植物多样性指数平均值变化

时间	指数	单纯度（c）	多样性（H'）	均匀度（J'）	丰富度（d）
5 月（春季）	均值	0.41	1.74	0.46	0.76
	幅度	0.25～0.98	0.91～2.66	0.23～0.68	0.44～1.16
8 月（夏季）	均值	0.38	2.00	0.48	0.88
	幅度	0.19～0.53	1.45～3.06	0.34～0.76	0.52～1.21

2. 2013 年

5 月（春季）调查区单纯度 c 均值为 0.30（变幅为 0.15～0.68）；多样性 H' 均值为 2.38（变幅为 1.16～3.23）；均匀度 J' 均值为 0.56（变幅为 0.25～0.74）；丰富度 d 均值为 1.04（变幅为 0.51～1.42）。调查海域多样性指数较高，表明物种丰富度较高，个体分布比较均匀，群落结构比较稳定（表 3-2）。

8 月（夏季）调查区单纯度 c 均值为 0.39（变幅为 0.23～0.66）；多样性 H' 均值为 1.96（变幅为 1.18～2.60）；均匀度 J' 均值为 0.52（变幅为 0.34～0.70）；丰富度 d 均值为 0.66（变幅为 0.38～0.90）。调查海域多样性指数较高，表明物种丰富度较高，个体分布比较均匀，群落结构比较稳定（表 3-2）。

表 3-2　2013 年浮游植物多样性指数平均值变化

时间	指数	单纯度（c）	多样度（H'）	均匀度（J'）	丰富度（d）
5 月（春季）	均值	0.30	2.38	0.56	1.04
	幅度	0.15～0.68	1.16～3.23	0.25～0.74	0.51～1.42
8 月（夏季）	均值	0.39	1.96	0.52	0.66
	幅度	0.23～0.66	1.18～2.60	0.34～0.70	0.38～0.90

按照生物多样性判别海域环境质量标准（$1 \leqslant H' < 3$ 为轻污染），调查海域生态环境质量总体处于轻污染状态。

（二）分析评价

调查海域 2013 年浮游植物总数量平均为 104.43×10^4 个/m^3，2012 年浮游植物总数量平均为 64.86×10^4 个/m^3。本次调查浮游植物生物量同 1999 年在杭州湾海域进行的浮游植物调查数据相比（焦俊鹏，2001），基本处于同一水平；但与 2003—2005 年调查资料相比，本次调查结果则出现大幅度的下降（蔡燕红，2006），这可能与水体过高的富营养化限制了某些浮游植物的生长有关。

2013 年较 2012 年整个调查海域浮游植物总数量和变动范围有很大的差距变化，主要是由于中肋骨条藻的数量显著下降而导致的。调查海域季节变化差异十分显著，2012 年 8 月（夏季）浮游植物总数量较同年 5 月（春季）增加 1.69 倍，2013 年 8 月（夏季）浮游植物总数量较同年 5 月（春季）同比增加 1.14 倍。从平面分布来看，杭州湾整个海域浮游植物分布基本呈现出以湾内中部以北纬 30°30′为中轴区域（3 号和 4 号）高、南北两侧区域低的分布趋势。

调查海域浮游植物中，硅藻在种类组成所占的比例基本不变，始终处于种类组成和群落结构的重要地位。杭州湾海域浮游植物优势种类季节更替较为明显。中肋骨条藻、虹彩圆筛藻和琼氏圆筛藻是杭州湾浮游植物中的重要优势种类，与以往的历史资料基本一致（张海波，2008）。春季，2013 年 5 月出现的优势种类数较 2012 年同期有所增加，圆筛藻的数量优势有所上升。夏季，2013 年 8 月出现的优势种中肋骨条藻的数量优势与 2012 年同期相比下降十分明显。

杭州湾浮游植物种类分布及数量的自然波动状况，受长江和钱塘江等径流的影响。夏季，随着径流量的增强，在湾中部与外海水强烈的水交换形成锋面，带来了丰富的营养物质，促进了浮游植物的繁殖生长。整个杭州湾海域分布趋势呈现湾中部高、两边近岸区域低的分布趋势。杭州湾海域由于受到长江冲淡水等江浙沿岸流、台湾暖流等的共同作用，强烈的潮流影响导致浮游植物群落结构丰富，主要以沿岸广温性和近海广盐性种类为主，还有一定数量的外洋性种类，可以分为由长江冲淡水南扩及钱塘江水入海带来的淡水性和河口半咸水性类群，近岸广温低盐性类群，以及由台湾暖流分支北上所携带的外海高盐暖水性类群等。杭州湾海域浮游植物多样性指数，变动范围为 0.91～3.23，均值基本为 1.74～2.38，表明海域环境质量总体处于轻污染状态。

第二节　浮游动物

一、调查及分析方法

调查时间和站位与水温同步进行。浮游动物样品采用浅水 I 型网自底层至表层作垂直拖网取样，采集大、中型浮游动物样品。按照样品体积的 5%，加入甲醛溶液进行固定。在实验室进行种类鉴定及按个体计数法进行计数、统计和分析（陈瑞祥，1995；陈清朝，1965；陈清朝，1974），网采浮游动物丰度单位为个/m³。生态特征值同浮游植物计算公式。

二、种类组成

2012 年和 2013 年共鉴定浮游动物 47 种（含 10 种浮游幼虫），分为 9 大类，其中桡足类 13 种，水母类（包括水螅水母、管水母和栉水母）12 种，毛颚动物 4 种，糠虾类、端足类和十足类各 2 种，涟虫类 1 种，磷虾类 1 种。

（一）2012 年

2012 年共鉴定浮游动物 35 种（含 10 种浮游幼虫），分为 9 大类，其中桡足类 13 种，水母类（包括水螅水母、管水母和栉水母）12 种，毛颚动物 4 种，糠虾类 2 种，端足类和十足类各 1 种，涟虫类 1 种，磷虾类 1 种。

5 月（春季）共鉴定出现浮游动物 27 种（含 4 种浮游幼虫），分为 9 大类，其中桡足类种数最多，为 10 种；其次为水母类（包括水螅水母、管水母和栉水母）5 种；浮游幼体 4 种；毛颚动物 2 种；糠虾类 2 种；磷虾类、涟虫类、端足类和十足类各 1 种。

8 月（夏季）共鉴定出现浮游动物 38 种（含 9 种浮游幼虫），分为 7 大类，其中桡足类种数最多，为 12 种；其次为水母类（包括水螅水母、管水母和栉水母）10 种；浮游幼体 9 种；毛颚动物 3 种；糠虾类 2 种；磷虾类、涟虫类各 1 种（表 3 - 3）。

表 3 - 3　2012 年浮游动物种类组成及比例

类群	5 月（春季）		8 月（夏季）	
	种数	比例（%）	种数	比例（%）
桡足类	10	37.04	12	31.58
端足类	1	3.70	—	—
水母类	5	18.52	10	26.32
磷虾类	1	3.70	1	2.63
十足类	1	3.70	—	—
糠虾类	2	7.41	2	5.26
涟虫类	1	3.70	1	2.63
毛颚动物	2	7.41	3	7.89
浮游幼体	4	14.81	9	23.68
总计	27	100	38	100

（二）2013 年

2013 年共鉴定浮游动物 45 种（含 10 种浮游幼虫），分为 9 大类，其中桡足类 14 种，水母类（包括水螅水母、管水母和栉水母）12 种，毛颚动物 3 种，糠虾类 2 种，端足类和十足类各 2 种，涟虫类和磷虾类各 1 种。

5 月（春季）共鉴定浮游动物 23 种（含 4 种浮游幼虫），分为 9 大类，其中桡足类种数最多，为 7 种；其次为水母类（包括水螅水母、管水母）和毛颚动物各 3 种；十足类 2 种；涟虫类、糠虾类、磷虾类以及端足类各为 1 种。

8 月（夏季）共鉴定出现浮游动物 39 种（含 9 种浮游幼虫），分为 9 大类，其中桡足类种数最多，为 11 种；其次为水母类（包括水螅水母、管水母和栉水母）9 种；毛颚动物 4 种；糠虾类和端足类各 2 种；涟虫类和磷虾类各 1 种（表 3-4）。

表 3-4 2013 年浮游动物种类组成及比例

类群	5 月（春季）		8 月（夏季）	
	种数	比例（%）	种数	比例（%）
桡足类	7	30.43	11	28.21
端足类	1	4.35	2	5.13
水母类	3	13.04	9	23.08
十足类	2	8.70	—	—
磷虾类	1	4.35	1	2.56
糠虾类	1	4.35	2	5.13
涟虫类	1	4.35	1	2.56
毛颚动物	3	13.04	4	10.26
浮游幼虫	4	17.39	9	23.07
总计	23	100	39	100

（三）生态类型

调查海域种类组成和丰度均以低盐近岸生态类型为主，其次为广温广盐生态类型和半咸水河口生态类型。

1. 半咸水河口生态类型

该群落分布在受长江、钱塘江径流等影响的河口区，主要种类有火腿许水蚤（*Schmackeria poplesia*）等，数量较少。

2. 近岸低盐生态类型

该类群种类适盐的上限较半咸水河口生态类群为高,其对盐度变化适应范围为 10～28,其出现和数量变动一般受控于沿岸水的影响,密集区大多出现在江浙沿岸水和东海外海水的混合区内侧。在本调查海域该类群种类和丰度均占据第一位。主要代表种有真刺唇角水蚤(*Labidocera euchaeta*)、太平洋纺锤水蚤(*Acartia pacifica*)、箭虫幼体(*Sagitta* larvae)、百陶箭虫(*Sagitta bedoti*)、长额刺糠虾(*Acanthomysis longirostris*)、中华假磷虾(*Pseudeuphausia sinica*)及各类浮游幼虫等。

3. 广温广盐类型

该类群浮游动物与热带大洋高温高盐类型相比,其适温、适盐性较低,适盐范围在 30 以上。主要代表种有小拟哲水蚤(*Paracalanus parvus*)和中华哲水蚤(*Calanus sinicus*)等。

三、数量分布及季节变化

(一)2012 年

1. 5 月(春季)

5 月(春季)调查,浮游动物的平均生物量为 58.60 mg/m³,变化幅度为 21.26～235.09 mg/m³;浮游动物的平均个体丰度为 238.56 个/m³,变化幅度为 33.33～1 143.86 个/m³。本次调查生物量最大值出现在中部海域 4 号站,为 235.09 mg/m³;生物量最小值出现在南部海域 8 号站,仅为 21.26 mg/m³;中部海域的 3 号站和内侧海域的 S1 号站数量也相对较低,斑块状分布明显;浮游动物平均个体丰度最大值出现在中部海域的 4 号站,为 1 143.86 个/m³;北部海域的 2 号站个体丰度较高,外侧海域的 2 个测站(6 号和 7 号站)和南部海域的 8 号站个体丰度最低。其中最小值出现在南部海域 8 号站,为 33.33 个/m³,区域斑块状十分明显(图 3-21 和图 3-22)。

2. 8 月(夏季)

2012 年 8 月(夏季)调查,浮游动物的平均生物量为 239.65 mg/m³,变化幅度为 79.45～447.77 mg/m³;浮游动物的平均个体丰度为 385.22 个/m³,变化幅度为 115.41～933.54 个/m³。本次调查生物量最大值出现在中部海域 3 号站,为 447.77 mg/m³;湾中部以北纬 30°30′为内侧海域的 S1 号、中部海域的 4 号和外侧海域的 7 号站生物量也相对较高;生物量最小值出现在北侧海域的 2 号站,为 79.45 mg/m³。呈现出中间高、两边低的分布格局。浮游动物平均个体丰度最大值出现在中部海域的 3 号站,为 933.54 个/m³;最小值出现在南部海域的 5 号站,为 115.41 个/m³(图 3-23 和图 3-24)。

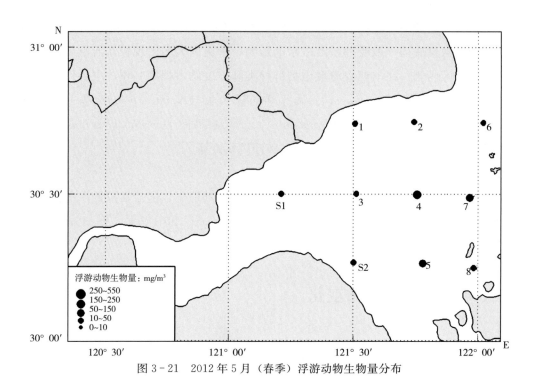

图 3-21　2012 年 5 月（春季）浮游动物生物量分布

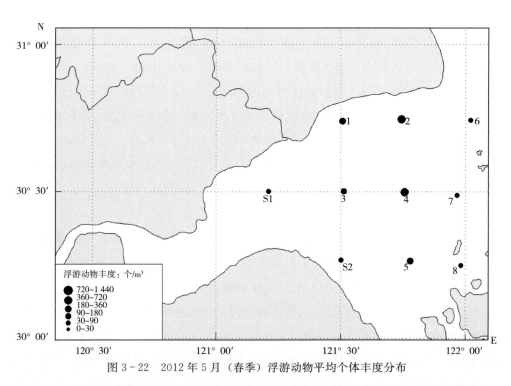

图 3-22　2012 年 5 月（春季）浮游动物平均个体丰度分布

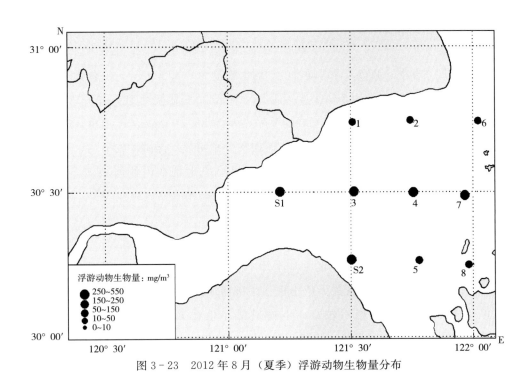

图 3-23　2012 年 8 月（夏季）浮游动物生物量分布

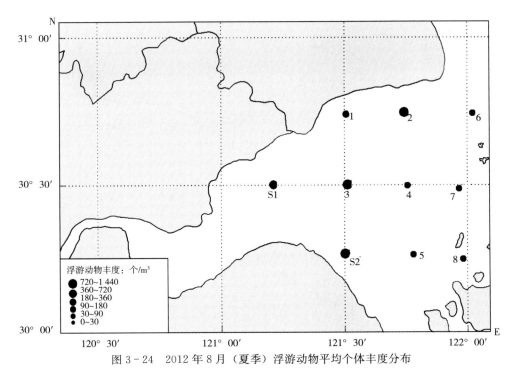

图 3-24　2012 年 8 月（夏季）浮游动物平均个体丰度分布

（二）2013 年

1. 5 月（春季）

2013 年 5 月（春季）调查，浮游动物的平均生物量为 8.59 mg/m³，变化幅度为 0.72～25.79 mg/m³；浮游动物的平均个体丰度为 12.93 个/m³，变化幅度为 1.49～32.12 个/m³。本次调查生物量最大值出现在中部海域的 3 号站，为 25.79 mg/m³；生物量最小值出现在南部海域的 8 号站，仅为 0.72 mg/m³，斑块状分布明显；浮游动物平均个体丰度最大值出现在中部海域的 3 号站，为 32.12 个/m³；最小值出现在内侧海域的 S1 号站，为 1.49 个/m³。其余各站个体丰度数值相差不大（图 3-25 和图 3-26）。

2. 8 月（夏季）

2013 年 8 月（夏季）调查，浮游动物的平均生物量为 199.46 mg/m³，变化幅度为 81.73～502.26 mg/m³；浮游动物的平均个体丰度为 66.65 个/m³，变化幅度为 25.07～126.55 个/m³。本次调查生物量最大值出现在中部海域的 4 号站，为 502.26 mg/m³；北部海域的 2 号站生物量也相对较高；生物量最小值出现在北部海域的 1 号站，为 81.733 mg/m³，斑块状分布明显。浮游动物平均个体丰度最大值出现在中部海域的 4 号站，为 126.55 个/m³；最小值出现在内侧海域的 S1 号站，为 25.07 个/m³，斑块状分布明显（图 3-27 和图 3-28）。

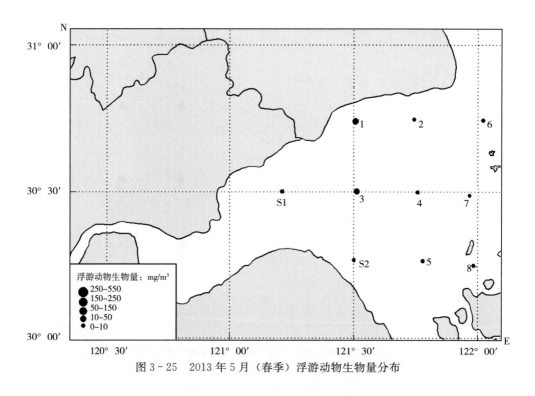

图 3-25　2013 年 5 月（春季）浮游动物生物量分布

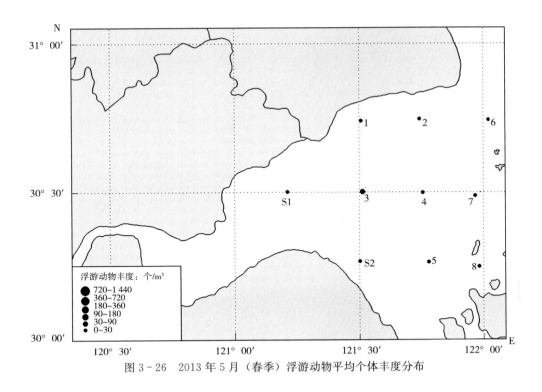

图 3-26 2013 年 5 月（春季）浮游动物平均个体丰度分布

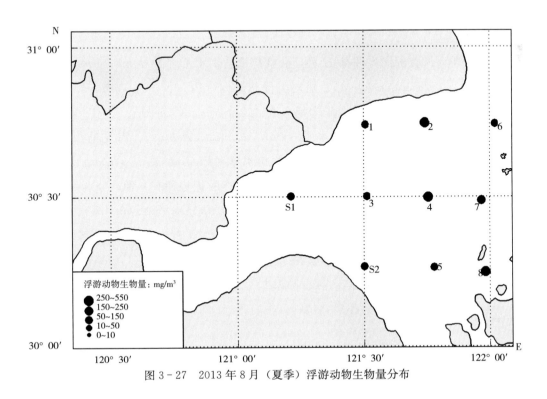

图 3-27 2013 年 8 月（夏季）浮游动物生物量分布

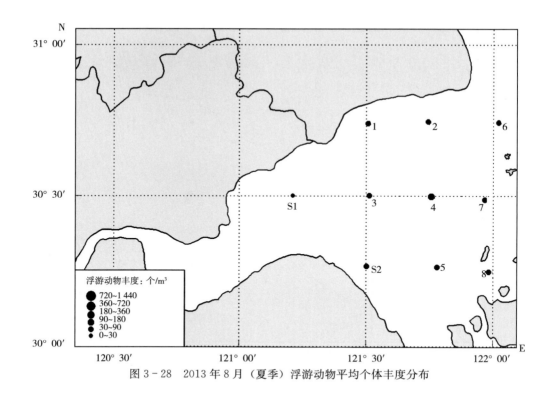

图 3 - 28　2013 年 8 月（夏季）浮游动物平均个体丰度分布

四、主要种类

5 月（春季）调查的优势种有 11 种，分别是虫肢歪水蚤（*Tortanus vermiculus*）、真刺唇角水蚤（*Labidocera euchaeta*）、短尾类溞状幼体（Brachyura zoea larvae）、火腿许水蚤（*Schmackeria poplesia*）、中华胸刺水蚤（*Centropages sinensis*）、鲍氏水母（*Bougainvillia autumnalis*）、针刺拟哲水蚤（*Paracalanus aculeatus*）、海龙箭虫（*Sagitta nagae*）、百陶箭虫（*Sagitta bedoti*）、球型侧腕水母（*Pleurobrachia globosa*）和长额刺糠虾（*Acanthomysis longirostris*）；8 月（夏季）调查的优势种有 9 种，分别是针刺拟哲水蚤（*Paracalanus aculeatus*）、背针胸刺水蚤（*Centropages dorsispinatus*）、真刺唇角水蚤（*Labidocera euchaeta*）、太平洋纺锤水蚤（*Acartia pacifica*）、长额刺糠虾（*Acanthomysis longirostris*）、百陶箭虫（*Sagitta bedoti*）、精致真刺水蚤（*Enchaeta concinna*）、灯塔水母（*Turritopsis nutricula*）、球型侧腕水母（*Pleurobrachia globosa*）。

（一）虫肢歪水蚤

虫肢歪水蚤为常见近岸种类。2012 年 5 月（春季）优势度为 0.33，出现率 100%。平均个体丰度为 31.88 个/m³；最高值出现在中部海域的 4 号站，为 88.69 个/m³；最低值出现在北侧海域的 7 号站，为 5.48 个/m³（图 3 - 29）。2013 年 5 月（春季）优势度为

0.19，出现率 100％。平均个体丰度为 41.14 个/m³；最高值出现在中部海域的 4 号站，为 102.21 个/m³；最低值出现在南部海域的 S1 号站，为 9.58 个/m³（图 3 - 30）。2012 年 8 月和 2013 年 8 月均未成为优势种。

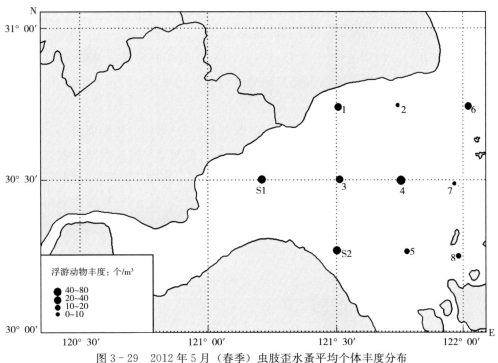

图 3 - 29　2012 年 5 月（春季）虫肢歪水蚤平均个体丰度分布

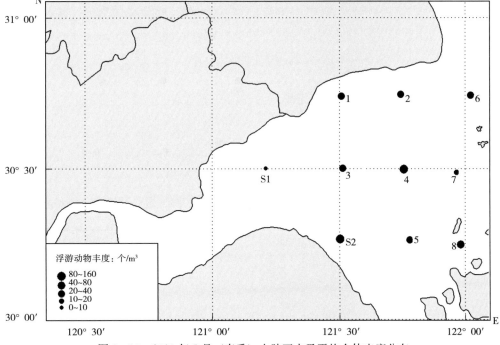

图 3 - 30　2013 年 5 月（春季）虫肢歪水蚤平均个体丰度分布

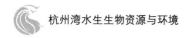

（二）真刺唇角水蚤

真刺唇角水蚤为近海常见种类。2012年5月（春季）优势度为0.28，出现率100%。平均个体丰度为26.58个/m³；最高值出现在中部海域的3号站，为67.54个/m³；最低值出现在外侧海域的7号站，为12.36个/m³（图3-31）。2012年8月（夏季）优势度为0.21，出现率100%，平均个体丰度为36.43个/m³。最高值出现在中部海域的4号站，为123.97个/m³；最低值出现在南部海域的8号站，为8.74个/m³，斑块状分布明显（图3-32）。

2013年5月（春季）优势度为0.17，出现率100%。平均个体丰度为27.09个/m³。最高值出现在中部海域的3号站，为120.31个/m³；最低值出现在南部海域的S2号站，为3.97个/m³（图3-33）。8月（夏季）优势度为0.11，出现率100%，平均个体丰度为21.00个/m³。最高值出现在外侧海域的6号站，为85.23个/m³；最低值出现在南部海域的5号站，为2.50个/m³，斑块状分布明显（图3-34）。

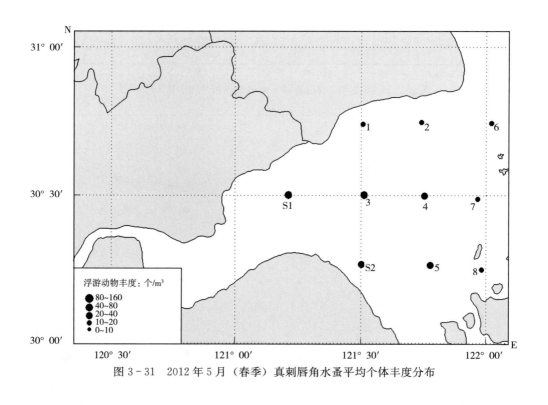

图3-31　2012年5月（春季）真刺唇角水蚤平均个体丰度分布

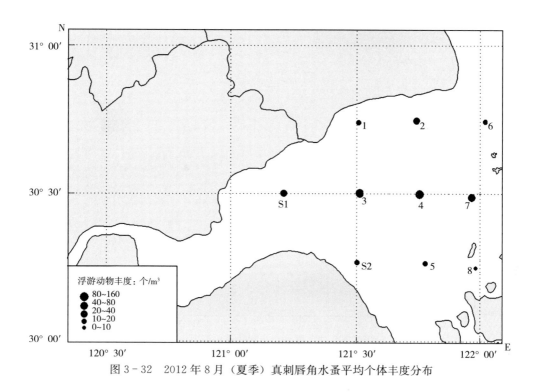

图 3-32　2012 年 8 月（夏季）真刺唇角水蚤平均个体丰度分布

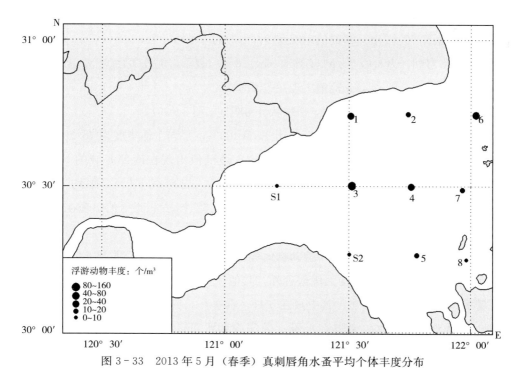

图 3-33　2013 年 5 月（春季）真刺唇角水蚤平均个体丰度分布

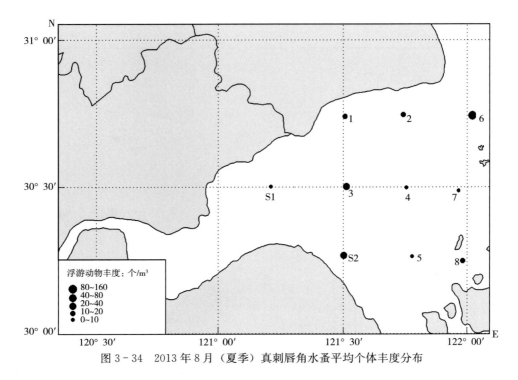

图 3 - 34 2013 年 8 月（夏季）真刺唇角水蚤平均个体丰度分布

（三）长额刺糠虾

长额刺糠虾为常见于近岸河口种类。2012 年 5 月（春季）优势度为 0.05，出现率 100%。平均个体丰度为 17.99 个/m³，最高值出现在南部海域的 5 号站，为 35.04 个/m³；最低值出现在南部海域的 8 号站，为 3.07 个/m³（图 3 - 35）。8 月（夏季）优势度为 0.03，出现率 100%。平均个体丰度为 24.64 个/m³，最高值出现在中部海域的 4 号站，为 63.27 个/m³；最低值出现在南部海域的 8 号站，为 1.35 个/m³，斑块状分布明显（图 3 - 36）。

2013 年 5 月（春季）优势度为 0.14，出现率 100%。平均个体丰度为 15.23 个/m³，最高值出现在中部海域的 3 号站，为 38.55 个/m³；最低值出现在南部海域的 S2 号站，为 2.05 个/m³（图 3 - 37）。8 月（夏季）优势度为 0.08，出现率 100%，平均个体丰度为 22.06 个/m³，最高值出现在外侧海域的 6 号站，为 71.53 个/m³；最低值出现在南部海域的 5 号站，为 1.07 个/m³，斑块状分布明显（图 3 - 38）。

杭州湾海域 2012—2013 年，浮游动物优势种类季节和年际更替明显，除真刺唇角水蚤和长额刺糠虾两年两个季节均为优势种外，其他优势种类均只有出现在 5 月（春季）或 8 月（夏季），季节性差异明显。其中只在 5 月（春季）2012 年和 2013 年均出现的有虫肢歪水蚤、短尾类溞状幼体、火腿许水蚤、中华胸刺水蚤，只在 8 月（夏季）2012 年和 2013 年均出现的有背针胸刺水蚤和太平洋纺锤水蚤。海龙箭虫、百陶箭虫只在 2013 年 5 月（春季）出现，球型侧腕水母只在 2013 年 8 月（夏季）出现。针刺拟哲水蚤出现在 2012 年 8 月（夏季）和 2013 年 5 月（春季）（表 3 - 5）。

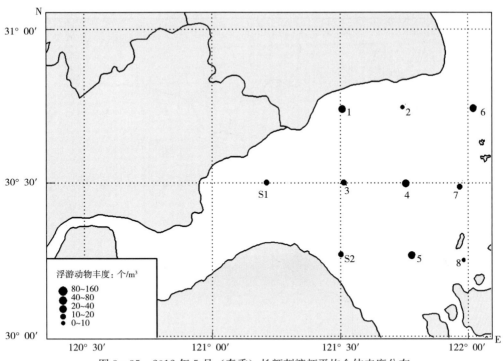

图 3 - 35　2012 年 5 月（春季）长额刺糠虾平均个体丰度分布

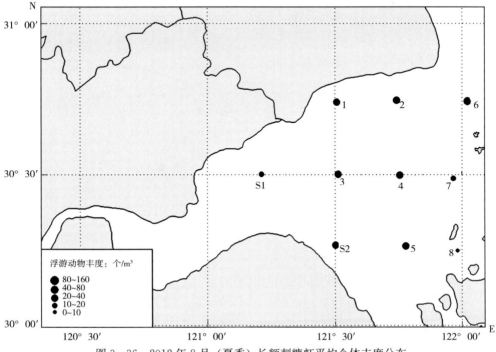

图 3 - 36　2012 年 8 月（夏季）长额刺糠虾平均个体丰度分布

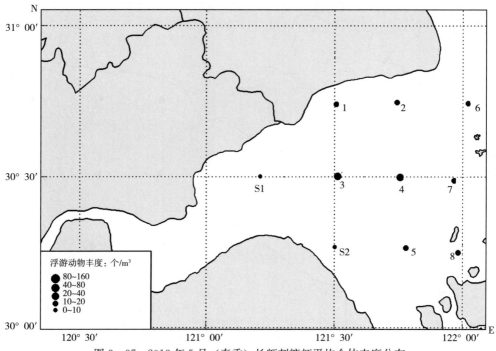

图 3 - 37　2013 年 5 月（春季）长额刺糠虾平均个体丰度分布

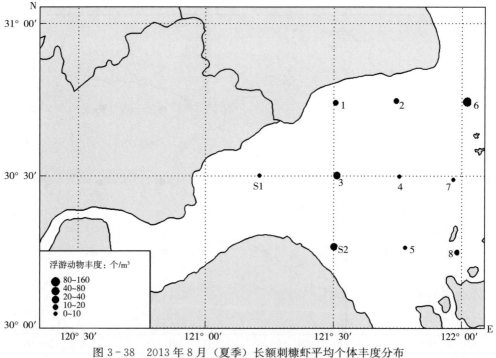

图 3 - 38　2013 年 8 月（夏季）长额刺糠虾平均个体丰度分布

表 3-5　杭州湾海域浮游动物优势种类优势度（Y）统计

种类	2012 年 5 月	2012 年 8 月	2013 年 5 月	2013 年 8 月
虫肢歪水蚤	0.33	—	0.19	—
真刺唇角水蚤	0.28	0.21	0.17	0.24
短尾类溞状幼体	0.07	—	0.12	—
火腿许水蚤	0.05	—	0.06	—
中华胸刺水蚤	0.04	—	0.03	—
针刺拟哲水蚤	—	0.15	0.06	—
海龙箭虫	—	—	0.03	—
百陶箭虫	—	—	0.45	—
球型侧腕水母	—	—	—	0.03
长额刺糠虾	0.05	0.03	0.14	0.08
背针胸刺水蚤	—	0.23	—	0.15
太平洋纺锤水蚤	—	0.31	—	0.10

五、基本特征与评价

（一）群落多样性指数

1. 2012 年

（1）5 月（春季）　调查海域的多样性指数变化幅度为 1.34～3.21，均值为 2.18；均匀度变化幅度为 0.37～0.91，均值为 0.43；丰富度变化幅度为 0.56～3.23，均值为 1.47；单纯度变化幅度为 0.18～0.64，均值为 0.37。调查海域多样性指数较高，表明物种丰富度较高，个体分布比较均匀，群落结构比较稳定；调查海域水体污染较轻（表3-6）。

（2）8 月（夏季）　调查海域的多样性指数变化幅度为 0.68～3.45，均值为 2.23；均匀度变化幅度为 0.10～0.97，均值为 0.62；丰富度变化幅度为 1.18～2.57，均值为 1.69；单纯度变化幅度为 0.24～0.99，均值为 0.48。调查海域多样性指数较高，表明物种丰富度较高，个体分布比较均匀，群落结构比较稳定；调查海域水体污染较轻（表3-6）。

表 3-6　2012 年浮游动物多样性指数平均值变化

时间	指数	单纯度（c）	多样性（H'）	均匀度（J'）	丰富度（d）
5 月（春季）	均值	0.37	2.18	0.43	1.47
	幅度	0.18～0.64	1.34～3.21	0.37～0.91	0.56～3.23
8 月（夏季）	均值	0.48	2.23	0.62	1.69
	幅度	0.24～0.99	0.68～3.45	0.10～0.97	1.18～2.57

2. 2013 年

（1）5 月（春季）　调查海域的多样性指数变化幅度为 0.92～3.07，均值为 2.13；均匀度变化幅度为 0.58～1.00，均值为 0.89；丰富度变化幅度为 0.30～3.17，均值为 1.68；单纯度变化幅度为 0.15～0.66，均值为 0.28。调查海域多样性指数较高，表明物种丰富度较高，个体分布比较均匀，群落结构比较稳定；调查海域水体污染较轻（表 3-7）。

（2）8 月（夏季）　调查海域的多样性指数变化幅度为 1.59～3.31，均值为 2.87；均匀度变化幅度为 0.53～0.87，均值为 0.78；丰富度变化幅度为 1.19～3.37，均值为 1.98；单纯度变化幅度为 0.12～0.51，均值为 0.18。调查海域多样性指数较高，表明物种丰富度较高，个体分布比较均匀，群落结构比较稳定；调查海域水体污染较轻（表 3-7）。

表 3-7　2013 年浮游动物多样性指数平均值变化

时间	指数	单纯度（c）	多样性（H'）	均匀度（J'）	丰富度（d）
5 月（春季）	均值	0.28	2.13	0.89	1.68
	幅度	0.15～0.66	0.92～3.07	0.58～1.00	0.30～3.17
8 月（夏季）	均值	0.18	2.87	0.78	1.98
	幅度	0.12～0.51	1.59～3.31	0.53～0.87	1.19～3.37

（二）评价分析

调查海域 2013 年浮游动物平均总生物量为 104.03 mg/m³，平均个体丰度为 39.79 个/m³，与 2012 年浮游动物平均总生物量为 149.13 mg/m³ 和平均个体丰度为 298.39 个/m³ 相比，出现大幅度下降。2013 年较 2012 年整个调查海域浮游动物总数量和变动范围有很大的变化，主要是由于优势种类——虫肢歪水蚤、真刺唇角水蚤和长额刺糠虾的数量明显下降导致的。调查海域浮游动物生物量和个体丰度季节变化差异十分显著，2012 年 8 月（夏季）总生物量为 239.65 mg/m³，较同年 5 月（春季）增加 3.09 倍；2013 年 8 月（夏季）总生物量为 199.46 mg/m³，较同年 5 月（春季）增加 22.21 倍。2012 年 8 月（夏季）平均个体丰度为 385.22 个/m³，较同年 5 月（春季）增加 0.61 倍；2013 年 8 月（夏季）平均个体丰度为 66.65 个/m³，较同年 5 月（春季）增加 4.15 倍。

2012 年和 2013 年共鉴定浮游动物 47 种（含 10 种浮游幼虫），在种类组成中桡足类占比很高，在调查区内浮游动物种类组成和群落结构中占主导地位。杭州湾海域浮游动物群落结构主要以低盐近岸生态类型为主，其次为广温广盐生态类型和半咸水河口生态类型。杭州湾海域浮游动物优势种类季节更替较为明显。除真刺唇角水蚤和长额刺糠虾两年两个季节均为优势种外，其他优势种类均只在 5 月（春季）或 8 月（夏季）出现，季节性差异明显。季节性更替以虫肢歪水蚤最为典型，均只在两年的 5 月（春季）成为第一优势种，8 月（夏季）优势地位完全丧失。2013 年 5 月（春季）出现的优势种类数较 2012 年同期有所增加，箭虫的数量优势有所上升。2013 年 8 月（夏季）出现的优势种类中背针胸刺水蚤和太平洋纺锤水蚤的数量优势与 2012 年同期相比下降十分明显。杭州湾海域浮游动物生物量分布多集中在中部海域（3号和4号），南部和北部海域的生物量相对较低。杭州湾海域浮游动物个体丰度高值区多出现在中部海域，南部和北部海域的个体丰度值则相对较低。这种分布格局与海域长江和钱塘江径流以及外海水的势力范围有一定关系。

杭州湾海域以江浙沿岸流、长江冲淡水和钱塘江冲淡水占主体，浮游动物优势种类以近岸低盐种如真刺唇角水蚤、虫肢歪水蚤和暖温性种类长额刺糠虾为主。此外，优势种类多样化也较为明显，出现了中华胸刺水蚤、海龙箭虫、百陶箭虫、太平洋纺锤水蚤等种类，显示出该区域水系变化较为复杂。由于受沿岸低盐水、中部低温高盐水和黄海暖流的影响，杭州湾近海浮游动物大致可分为近岸低盐类型和低温高盐类型。

与以往历史资料相比（焦俊鹏，2001；张海波，2008），本次调查结果浮游动物种类组成较为丰富，但杭州湾浮游动物的总生物量和栖息密度总体却呈增加趋势。杭州湾海域浮游动物多样性指数，变动范围为 $0.68 \sim 3.45$，均值基本为 $2.13 \sim 2.87$，表明海域环境质量总体处于轻污染状态。

第三节　底栖生物

一、调查及分析方法

调查时间和站位与水温同步进行。底栖生物样品项目仅调查大型底栖动物，即被孔径为 0.5 mm 套筛网所截留的生物。底栖生物调查用采泥器（ $0.1 \mathrm{~m}^2$ ）进行采集，每站采集 $2 \sim 4$ 次，其平均值为该站的生物量和栖息密度。底栖生物样品在船上用 5% 的甲醛溶液固定保存后带回实验室称重（软体动物带壳称重），鉴定分析，计数（李荣冠，2003）。生态特征值计算公式同浮游植物。

二、种类组成

2012 年和 2013 年共鉴定底栖生物 13 种，以多毛类为主，为 6 种；其次是软体动物 4 种，棘皮动物 2 种，纽形动物 1 种。

（一）2012 年

监测海域 5 月（春季）、8 月（夏季）经鉴定底泥共出现底栖动物 10 种，以多毛类占

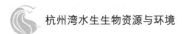

优势，为 6 种；其次为软体动物 2 种，纽形动物和棘皮动物各 1 种。

（二）2013 年

监测海域 5 月（春季）、8 月（夏季）经鉴定底泥共出现底栖动物 8 种，以软体动物占优势，为 4 种；其次为多毛类 2 种，纽形动物和棘皮动物各 1 种。

（三）生态类型

本调查海域受长江、钱塘江带来的泥沙沉积和河口水文等条件的影响，底栖动物的种类分布和栖息密度与长江口和钱塘江口都有所不同。调查海域具有低盐特性，且盐度变化梯度较大，因而其对底栖动物影响最明显。盐度对底栖动物影响是由生物本身生态特性所决定的，即一定的生态类型种类对盐度有一定适应范围；另外，底质沉积环境对河口区底栖动物影响也是不容忽视的。结合历史资料，根据底栖动物和盐度、底质的这种密切关系，本调查海域底栖动物大致可分为半咸水河口生态类型、广盐性生态类型和底质环境类型三种生态类型，且各季优势种具有明显的季节更替现象。

1. 2012 年

（1）半咸水河口类型　分布广泛，是对盐度有较强的适应性种类。纵肋织纹螺（*Nassarius variciferus*）主要分布于潮间带中、下潮区。2012 年 5 月（春季）在本海域出现频率为 5%，生物量和栖息密度分别占总生物量和总栖息密度的 23.26% 和 5.88%；2012 年 8 月（夏季）在本海域出现频率为 40%，生物量和栖息密度分别占总生物量和总栖息密度的 77.05% 和 39.13%。

（2）广盐性类型　如多毛类中的加州齿吻沙蚕（*Aglaophamus californiensis*），多居于潮间带的中潮区清洁的沙滩，在我国渤海、黄海、东海及南海沿岸均有分布。2012 年 5 月（春季）在调查海域出现在外侧海域 6 号站，生物量和栖息密度分别占总生物量和总栖息密度的 0.51% 和 5.88%；2012 年 8 月（夏季）在调查海域 8 号测站，生物量和栖息密度分别占总生物量和总栖息密度的 0.41% 和 4.35%。

（3）底质环境类型　如不倒翁虫（*Sternaspis scutata*），在我国沿岸有分布。2012 年 8 月（夏季）在调查海域 8 号测站有分布，生物量和栖息密度分别占总生物量和总栖息密度的 12.11% 和 15.83%。

2. 2013 年

（1）半咸水类型　分布广泛，是对盐度有较强的适应性种类。纵肋织纹螺主要分布于潮间带中、低潮区。2013 年 5 月（春季）在本海域没有出现；2013 年 8 月（夏季）在本海域出现频率为 10%，生物量和栖息密度分别占总生物量和总栖息密度的 10.07% 和 8.00%。

（2）广盐性类型　如多毛类中的智利巢沙蚕（*Diopatra chiliensis*），是多居于潮间带沙滩中下区的优势种，在我国黄海、东海及南海沿岸均有分布。2013年5月（春季）在调查海域出现在中部海域的4号和南部海域的5号、S2号站，生物量和栖息密度分别占总生物量和总栖息密度的47.88%和27.27%；2013年8月（夏季）在中部海域的4号和南部海域的5号、S2号站，生物量和栖息密度分别占总生物量和总栖息密度的1.14%和16.00%。

（3）底质环境类型 如不倒翁虫，在我国沿岸有分布。2013年5月（春季）在调查海域3号测站有分布，生物量和栖息密度分别占总生物量和总栖息密度的28.13%和16.34%。2013年8月（夏季）在调查海域4号测站有分布，生物量和栖息密度分别占总生物量和总栖息密度的32.47%和45.19%。

三、数量分布及季节变化

1. 2012年

2012年监测海域底栖动物5月（春季）、8月（夏季）平均生物量为3.24 g/m²。5月（春季），调查海域底栖动物生物量平均值为3.39 g/m²，变化范围为0.67～12.46 g/m²，底栖动物高生物量区出现在调查海域的北侧海域的2号站位（>10.00 g/m²），外侧海域的7号站生物量最低。底栖动物生物量构成中，软体动物最高，为1.07 g/m²（占总生物量的31.56%）；多毛类为0.52 g/m²（占总生物量的15.34%），棘皮动物为0.46 g/m²（占总生物量的13.57%）。底栖生物栖息密度平均值为8.50个/m²，变化范围为1.89～20.00个/m²。底栖动物栖息密度分布中，以中部海域的3号站和4号站栖息密度最高，均为20个/m²，最低出现在南部海域的5号站，斑块状分布明显。在栖息密度组成中，多毛类最高，为5.50个/m²（占总数量64.71%）；软体动物和棘皮动物均为1.50个/m²（占总数量的17.65%）（图3-39和图3-40）。

8月（夏季），调查海域底栖动物生物量平均值为5.17 g/m²，幅度为0～9.22 g/m²。调查海域底栖动物生物量分布不均匀，呈斑块状分布。高生物量密集区出现在中部海域的4号和南部海域的5号、8号站，北侧海域的1号站无底栖动物样品出现。底栖动物生物量构成中，软体动物最高，为2.37 g/m²（占总生物量的45.84%）；多毛类为0.39 g/m²（占总生物量的7.54%），棘皮动物为0.17 g/m²（占总生物量的3.29%），纽形动物为0.15 g/m²（占总生物量的2.90%）。底栖动物栖息密度平均值为11.72个/m²，幅度为0～30.00个/m²。底栖动物栖息密度分布不均匀，中部海域的3号站位栖息密度最高，为30.00个/m²；其余测站栖息密度为4.77～25.21个/m²；北部海域的1号站无底栖动物出现，斑块状分布明显。在栖息密度组成中，软体动物的数量最高，为4.50个/m²（占总数量的38.40%）；多毛类为第2位，为3.00个/m²（占总数量25.60%）；棘皮动物和纽形动物为2.00个/m²（仅占总数量的17.06%）（图3-41和图3-42）。

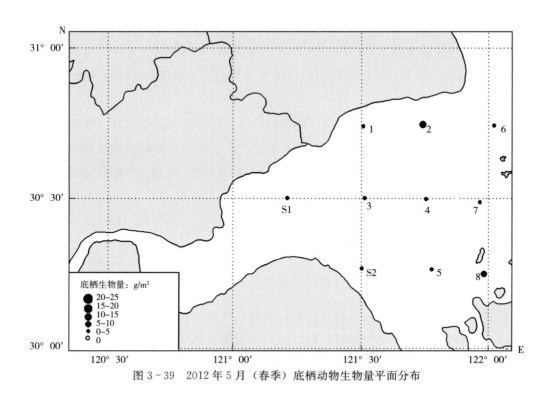

图 3-39 2012 年 5 月（春季）底栖动物生物量平面分布

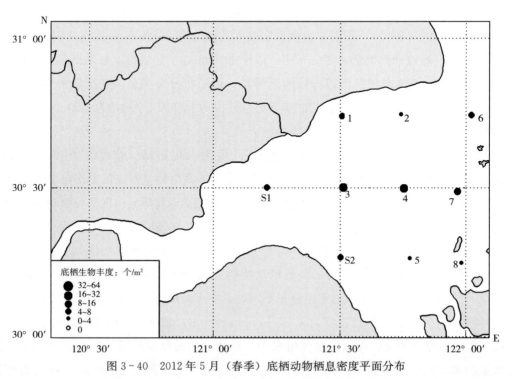

图 3-40 2012 年 5 月（春季）底栖动物栖息密度平面分布

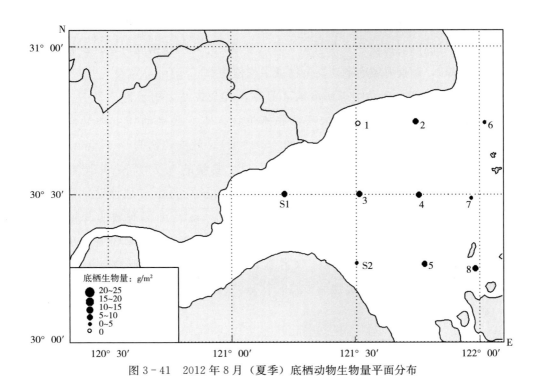

图 3-41 2012 年 8 月（夏季）底栖动物生物量平面分布

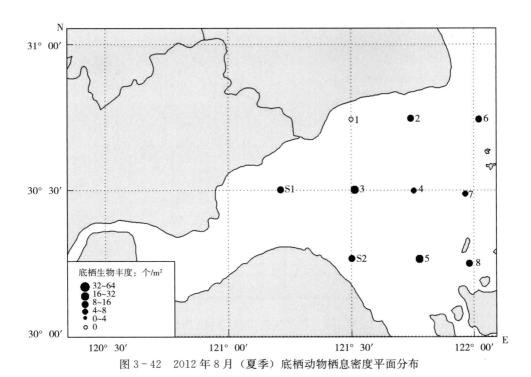

图 3-42 2012 年 8 月（夏季）底栖动物栖息密度平面分布

2. 2013 年

2013 年监测海域底栖动物 5 月（春季）、8 月（夏季）平均生物量为 6.03 g/m²。2013 年监测海域底栖动物 5 月（春季）、8 月（夏季）平均栖息密度为 23.08 个/m²。

5 月（春季），调查海域底栖动物生物量平均值为 2.82 g/m²，幅度为 0～5.92 g/m²。底栖动物高生物量区出现在中部海域的 4 号站，其余各站生物量为 0.27～3.94 g/m²；南部海域的 5 号站生物量最低，未获得底栖生物样本。底栖动物生物量构成中，多毛类最高，为 1.30 g/m²（占总生物量的 46.10%）；棘皮动物为 0.07 g/m²（占总生物量的 2.48%），纽形动物为 0.02 g/m²（占总生物量的 0.71%）。本调查海域底栖动物栖息密度平均值为 18.42 个/m²，幅度为 0～50.00 个/m²。底栖动物栖息密度分布中，以中部海域 4 号站的栖息密度最高，为 50 个/m²；南部海域的 5 号站无底栖生物出现；其余各站栖息密度在 5.17～32.12 个/m²，斑块状分布明显。在栖息密度组成中，多毛类最高，为 5.50 个/m²（占总数量 29.86%）；纽形动物为 3.00 个/m²（占总数量 16.29%），棘皮动物为 0.50 个/m²（占总数量 2.71%）（图 3-43 和图 3-44）。

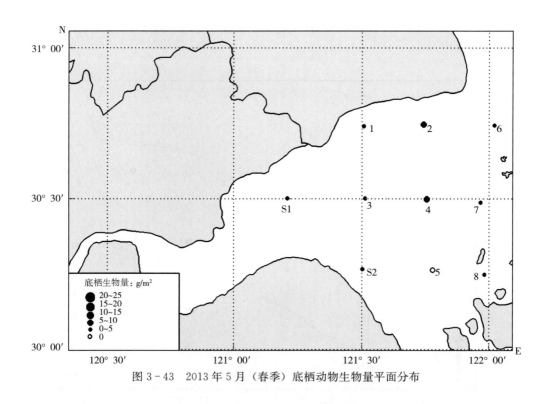

图 3-43　2013 年 5 月（春季）底栖动物生物量平面分布

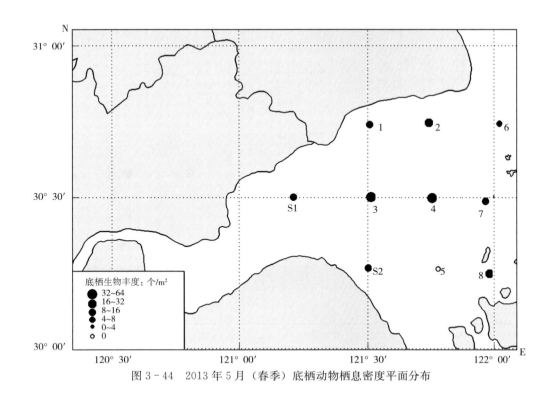

图 3-44　2013 年 5 月（春季）底栖动物栖息密度平面分布

8 月（夏季），调查海域底栖动物生物量平均值为 $9.25\ g/m^2$，幅度为 $0\sim21.39\ g/m^2$。调查海域底栖动物生物量分布不均匀，呈斑块状分布。高生物量密集区出现在中部海域的 3 号站和 4 号站（$>20.00\ g/m^2$），北部海域的 2 号和南部海域的 8 号站位无底栖动物分布，其余测站为 $2.84\sim12.58\ g/m^2$。生物量构成中，软体动物最高，为 $3.51\ g/m^2$（占总生物量的 37.95%）；多毛类为 $0.30\ g/m^2$（占总生物量的 3.24%），棘皮动物为 $0.02\ g/m^2$（占总生物量的 0.22%），纽形动物为 $0.03\ g/m^2$（占总生物量的 0.32%）。调查海域底栖动物栖息密度平均值为 27.74 个$/m^2$，幅度为 $0\sim52.64$ 个$/m^2$。底栖动物栖息密度分布不均匀，中部海域的 3 号和 4 号站位栖息密度最高，分别为 52.64 个$/m^2$ 和 46.87 个$/m^2$；北部海域 2 号和南部海域 8 号站无底栖动物分布，其余站位栖息密度为 $13.51\sim38.59$ 个$/m^2$，斑块状分布明显。在栖息密度组成中，多毛类的最高，为 5.50 个$/m^2$（占总数量的 19.83%）；软体动物为 5.00 个$/m^2$（占总数量的 18.02%），纽形动物为 1.50 个$/m^2$（占总数量的 5.41%），棘皮动物为 0.50 个$/m^2$（占总数量的 1.80%）（图 3-45 和图 3-46）。

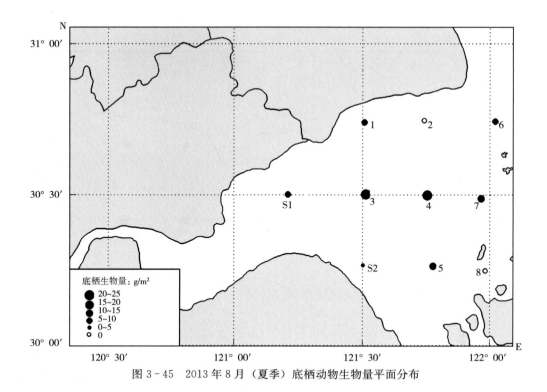

图 3-45　2013 年 8 月（夏季）底栖动物生物量平面分布

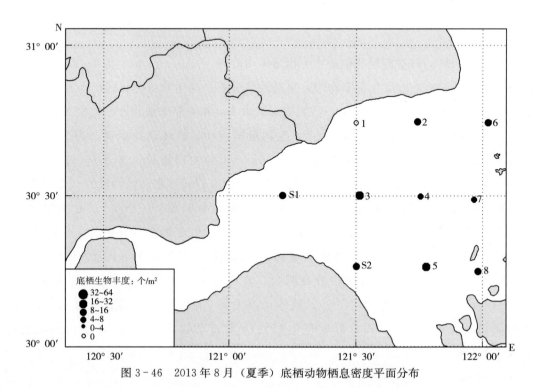

图 3-46　2013 年 8 月（夏季）底栖动物栖息密度平面分布

四、主要种类

(一) 2012 年

2012 年 5 月（春季）和 8 月（夏季）监测海域底栖动物优势种有明显季节更替现象。共出现优势种（优势度 Y≥0.02）4 种（表 3－8），5 月（春季）为不倒翁虫（*Sternaspis scutata*）和滩栖阳遂足（*Amphiura vadicola*）2 种优势种，8 月（夏季）为纽虫、纵肋织纹螺和滩栖阳遂足 3 种优势种，5 月（春季）和 8 月（夏季）的共同优势种为滩栖阳遂足。

表 3－8 2012 年底栖动物优势种

优势种	学名	5 月（春季）	8 月（夏季）
纽虫	*Nemertini* spp.	—	0.03
不倒翁虫	*Sternaspis scutata*	0.10	—
纵肋织纹螺	*Nassarius variciferus*	—	0.16
滩栖阳遂足	*Amphiura vadicola*	0.03	0.03

滩栖阳遂足：2012 年 5 月，出现频率为 87.5%，栖息密度平均为 3.50 个/m²，变动范围为 0～15.00 个/m²，高峰值出现在中部海域的 3 号站，北部海域的 1 号站数值为零。2012 年 8 月，出现频率为 87.5%，栖息密度平均为 5.13 个/m²，变动范围为 0～18.97 个/m²，高峰值出现在南部海域的 5 号站，北部海域的 1 号站数值为零（图 3－47 和图 3－48）。

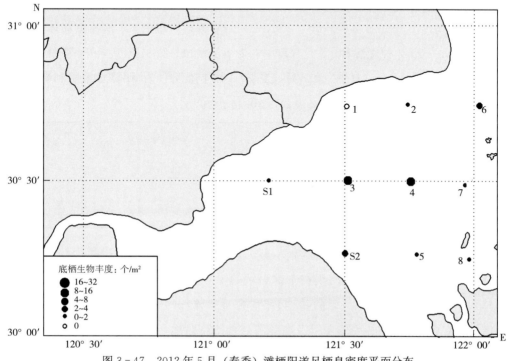

图 3－47 2012 年 5 月（春季）滩栖阳遂足栖息密度平面分布

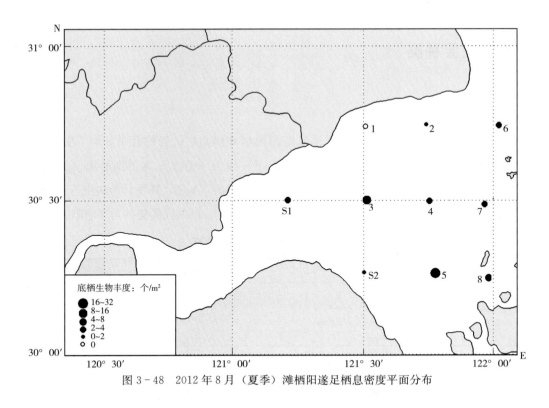

图 3 - 48　2012 年 8 月（夏季）滩栖阳遂足栖息密度平面分布

（二）2013 年

2013 年 5 月（春季）和 8 月（夏季）监测海域底栖动物优势种有明显季节更替现象。共出现优势种（优势度 $Y \geqslant 0.02$）4 种（表 3 - 9），5 月（春季）为纽虫、不倒翁虫和智利巢沙蚕（*Diopatra chiliensis*）3 种优势种，8 月（夏季）为不倒翁虫、智利巢沙蚕和小莢蛏（*Siliqua minima*）3 种优势种，5 月（春季）和 8 月（夏季）的共同优势种为不倒翁虫和智利巢沙蚕。

表 3 - 9　2013 年底栖动物优势种

优势种	学名	5 月（春季）	8 月（夏季）
纽虫	*Nemertini* spp.	0.03	—
不倒翁虫	*Sternaspis scutata*	0.18	0.04
智利巢沙蚕	*Diopatra chiliensis*	0.05	0.02
小莢蛏	*Siliqua minima*	—	0.05

不倒翁虫：2013 年 5 月，出现频率为 87.5%，栖息密度平均为 8.34 个/m²，变动范围为 0～30.05 个/m²，高峰值出现在中部海域的 3 号和 4 号站（栖息密度＞20 个/m²）。2013 年 8 月，出现频率为 75.0%，栖息密度平均为 9.50 个/m²，变动范围为 0～31.21 个/m²，高峰值出现在中部海域的 3 号、4 号及南侧海域的 S2 号站，北部海域的 2 号站和内侧海域的 S1 号站数值均为零（图 3 - 49 和图 3 - 50）。

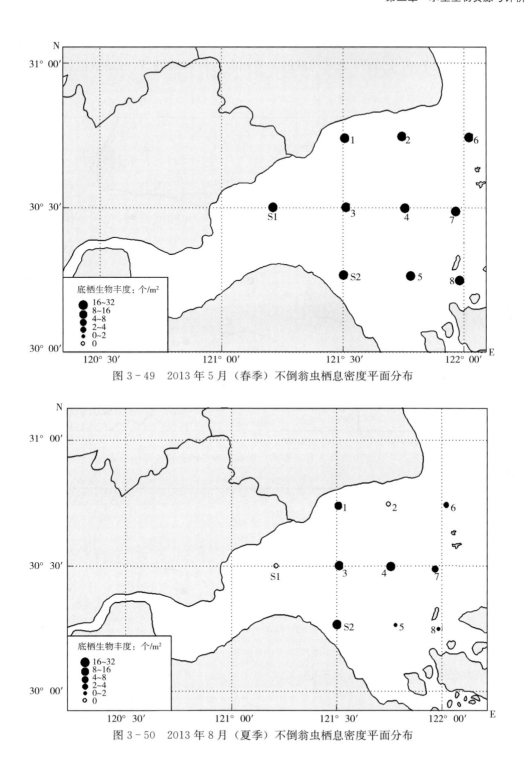

图 3-49　2013 年 5 月（春季）不倒翁虫栖息密度平面分布

图 3-50　2013 年 8 月（夏季）不倒翁虫栖息密度平面分布

　　智利巢沙蚕：2013 年 5 月，出现频率为 75.0%，栖息密度平均为 4.82 个/m²，变动范围为 0～10.01 个/m²，高峰值出现在中部海域 4 号站和 3 号站（栖息密度＞9 个/m²），北部海域的 1 号站和南部海域的 5 号站数值为零。2013 年 8 月，出现频率为 75.0%，栖息密度平均为 5.79 个/m²，变动范围为 0～15.72 个/m²，高峰值出现在中部海域 3 号站和 4 号站，均大于 15 个/m²，北部海域的 2 号站和内侧海域的 S1 号站数值为零（图 3 - 51 和图 3 - 52）。

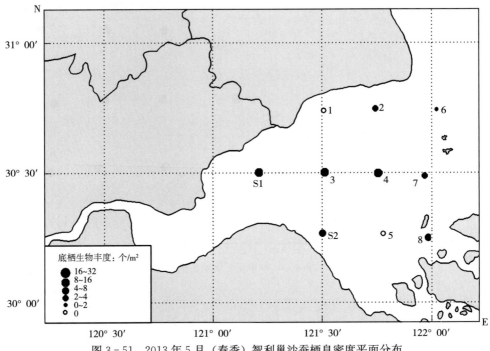

图 3 - 51　2013 年 5 月（春季）智利巢沙蚕栖息密度平面分布

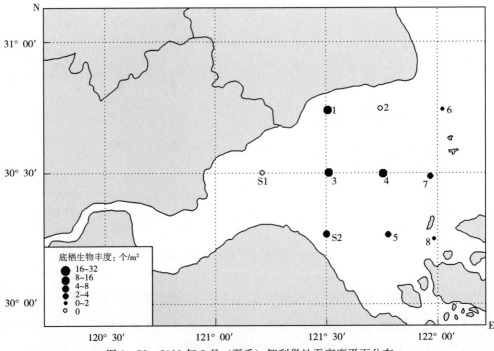

图 3 - 52　2013 年 8 月（夏季）智利巢沙蚕密度平面分布

五、基本特征及评价

（一）群落多样性指数

1. 2012 年

（1）5 月（春季）　调查海域的多样性指数均值为 0.15，各站变化幅度较大，最高值与最低值相差近 12 倍；均匀度均值为 0.15，各站变化幅度较大，最低值与最高值相差近 12 倍；丰富度均值为 0.04，各站变化幅度很大，最高值与最低值相差 108 倍；单纯度均值为 0.92，各站变化幅度最高与最低值相差 6 倍。调查海域多样性指数较低，表明物种丰富度较低，个体分布不均匀，群落结构比较不稳定；调查海域水体污染较严重（表 3-10）。

（2）8 月（夏季）　调查海域的多样性指数均值为 0.33，各站变化幅度为 0.08～1.18；均匀度均值为 0.38，各站变化幅度较大，最高值与最低值相差近 13 倍；丰富度均值为 0.08，各站变化幅度较大，最高值与最低值相差 78 倍；单纯度均值为 0.84，各站变化幅度较大，最高值与最低值相差近 8 倍。调查海域多样性指数较低，表明物种丰富度较差，个体分布不均匀，群落结构比较不稳定；调查海域水体污染较为严重（表 3-10）。

表 3-10　2012 年底栖动物多样性指数季节变化

时间	单纯度（c）	多样性（H'）	均匀度（J'）	丰富度（d）
5 月（春季）	0.92 0.18～1.23	0.15 0.08～0.99	0.15 0.07～0.85	0.04 0.01～1.09
8 月（夏季）	0.84 0.23～2.01	0.33 0.08～1.18	0.38 0.07～0.95	0.08 0.02～1.58
平均	0.88	0.24	0.27	0.06

2. 2013 年

（1）5 月（春季）　调查海域的多样性指数均值为 0.30，各站变化幅度为 0.04～2.01；均匀度均值为 0.20，各站变化幅度较大，最高值与最低值相差近 37 倍；丰富度均值为 0.15，各站变化幅度较大，最高值与最低值相差近 65 倍；单纯度均值为 0.91，各站变化幅度较大，最高值与最低值相差 3 倍。调查海域多样性指数较低，表明物种丰富度较低，个体分布不均匀，群落结构比较不稳定；调查海域水体污染较严重（表 3-11）。

（2）8 月（夏季）　调查海域的多样性指数均值为 0.49，各站变化幅度为 0.13～1.76；均匀度均值为 0.35，各站变化幅度较大，最高值和最低值相差 53 倍；丰富度均值为 0.17，各站变化幅度较大，最高值和最低值相差 11 倍；单纯度均值为 0.57，各站变化幅度为 0.12～1.85。调查海域多样性指数较低，表明物种丰富度较差，个体分布不均匀，群落结构比较不稳定；调查海域水体污染较为严重（表 3 - 11）。

表 3 - 11　2013 年底栖动物多样性指数季节变化

月份	单纯度（c）	多样性（H′）	均匀度（J′）	丰富度（d）
5 月（春季）	0.91 0.31～1.29	0.30 0.04～2.01	0.20 0.05～1.87	0.15 0.03～1.99
8 月（夏季）	0.57 0.12～1.85	0.49 0.13～1.76	0.35 0.04～2.15	0.17 0.04～0.49
平均	0.89	0.24	0.22	0.06

（二）评价分析

2013 年 5 月（春季）和 8 月（夏季）底栖生物平均总生物量为 $6.03\ g/m^2$，2012 年 5 月（春季）和 8 月（夏季）底栖生物平均总生物量为 $3.24\ g/m^2$，2013 年较 2012 年整个调查海域底栖生物总数量和幅度范围变化不大。但调查海域季节变化差异较显著，2012 年 8 月（夏季）总生物量为 $5.17\ g/m^2$，较同年 5 月（春季）增加 52.51%；2013 年 8 月（夏季）总生物量为 $9.25\ g/m^2$，较同年 5 月（春季）增加 2.28 倍。杭州湾海域底栖生物栖息密度高值区多出现在中部海域，南部和北部海域的栖息密度值则相对较低。杭州湾是一个水动力活动剧烈的强潮型海湾，长江和钱塘江径流携带的大量悬浮泥沙在水体中经潮水周期反反复复再悬浮搬运，造成了部分区域不稳定的沉积环境。杭州湾底质为泥质粉沙，海水含泥沙量大、沉积速度快，岸滩冲淤变化剧烈，海底表面处于频繁动态变化之中，大大限制了底栖生物的居留栖息（贾海波，2014）。

2013 年底栖生物栖息密度为 23.08 个/m^2。2012 年底栖生物栖息密度为 10.10 个/m^2，2013 年较 2012 年整个调查海域底栖生物栖息密度和变动范围有较大差异。调查海域季节变化亦较为明显，2012 年 8 月（夏季）平均栖息密度为 11.72 个/m^2，较同年 5 月（春季）增加 37.88%；2013 年 8 月（夏季）平均栖息密度为 27.74 个/m^2，较同年 5 月（春季）增加 50.60%。杭州湾海域底栖生物生物量分布多集中在中部和北部海域，南部海域的生物量相对较低，这种分布可能是与受到杭州湾强潮型及强河流的共同作用引起的沿岸高营养盐与高有机物水体的充分混合所导致的不同区域水体污染有关。

2012 年和 2013 年共鉴定底栖生物 13 种，分为 4 大类。其中，多毛类为 6 种，软体动物 4 种，棘皮动物 2 种，纽形动物 1 种。在种类组成中，多毛类所占比例最高，在调查区内底栖生物种类组成和群落结构中占主导地位。杭州湾海域底栖生物群落结构主要以半咸水性生态类型和广盐性生态类型为主。杭州湾海域底栖生物优势种类季节更替较为明显。在 2012 年 5 月（春季）和 8 月（夏季）除滩栖阳遂足均有出现外，其他 3 种优势种仅出现一季。2013 年，除不倒翁虫和智利巢沙蚕在两季均有出现外，其他 2 种优势种仅出现一季。2013 年和 2012 年优势种年际变化也较明显，除不倒翁虫和纽虫外，其他优势种仅在一年内出现。

本次调查与历史资料相比较（贾海波，2014；焦俊鹏，2008），杭州湾海域底栖生物的种类数大幅减少，尤其是甲壳动物和鱼类生物未出现，种类结构组成相对单一，底栖生物生存环境较为脆弱。杭州湾沿岸是经济高度发达地区，大量的生活污水和工业废水排入湾内，造成水质状况极差，处于严重富营养化状态。一方面，环境污染毒害水生生物个体，阻碍了水生物的正常生长发育，使生物丧失生存或繁衍的能力。另一方面，污染引起生存环境的改变，使生物丧失了生存的环境。杭州湾海域底栖生物多样性指数，变动范围为 0.04～2.01，均值基本为 0.15～0.43，表明底栖生物群落多样性较差，个别区域甚至只有单一种类分布，均匀度差，整个区域群落结构不稳定，海域环境质量总体处于较严重污染状态。

第四节　潮间带底栖生物

一、调查分析方法

调查海域位于杭州湾北岸上海市漕泾沿岸、嘉兴沿岸和慈溪市东部沿岸的 3 个断面潮间带区域（图 3-53 和表 3-12），于 2012 年 5 月和 2013 年 5 月进行了采样调查。每断面调查高、中、低潮区定性和定量样品，定性样品在各断面周围随机采集；定量样品则用

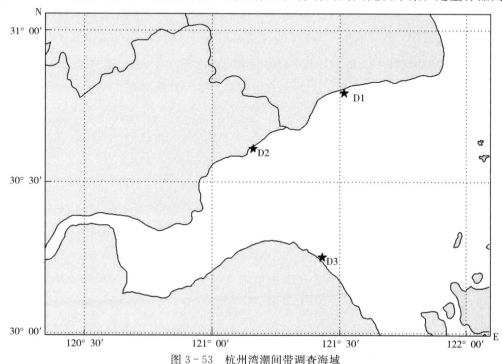

图 3-53　杭州湾潮间带调查海域

大小为 25 cm×25 cm 的取样框随机抛投，先拾取框内滩面上的底栖生物，再挖取至 30 cm 深处内的底泥，用 0.5 mm 孔径的套筛淘洗，所获底栖生物样品用 7‰福尔马林溶液固定保存，带回实验室分析、鉴定。生态特征值同浮游植物计算公式。

表 3-12　杭州湾潮间带站位

潮间带断面	经度	纬度
D1	121°30′56″	30°47′24″
D2	121°9′40″	30°36′36″
D3	121°27′3″	30°15′

二、种类组成

(一) 2012 年

漕泾沿岸（D1）、嘉兴沿岸（D2）和慈溪市东部沿岸（D3）三个断面调查共得 18 份样品。经鉴定，底栖动物共有 15 种。其中，以甲壳动物占优势，为 8 种；软体动物 5 种，多毛类 1 种，鱼类 1 种。D1 断面有底栖生物 7 种，D2 断面有 5 种，D3 断面有 8 种。

(二) 2013 年

漕泾沿岸（D1）、嘉兴沿岸（D2）和慈溪市东部沿岸（D3）三个断面调查共得 18 份样品。经鉴定，底栖动物共有 16 种，其中以甲壳动物占优势，为 9 种；软体动物 3 种，多毛类 2 种，鱼类和纽形动物各 1 种。D1 断面底栖生物 5 种，D2 断面有 6 种，D3 断面有 9 种。

三、数量分布

(一) 2012 年

在本调查海域获取 3 个断面的底栖动物生物量和栖息密度，其平均值分别为 29.78 g/m² 和 20.29 个/m²。

漕泾沿岸（D1）断面，底栖动物生物量为 31.35 g/m²，从高到低依次为甲壳动物 21.05 g/m²，软体动物 9.44 g/m²，多毛类生物量极为匮乏仅为 0.86 g/m²。栖息密度为 28.43 个/m²，同样以软体动物居首，为 16.44 个/m²；其次是甲壳动物，多毛类栖息密度最低，仅占总量的 6.23%（表 3-13）。

表 3-13　漕泾沿岸（D1）断面底栖动物生态特征组成（2012 年）

种类	种数	生物量（g/m²）	比例（%）	栖息密度（个/m²）	比例（%）
多毛类	1	0.86	2.74	1.77	6.23
软体动物	3	9.44	30.11	16.44	57.83
甲壳动物	3	21.05	67.15	10.22	35.95
总计	7	31.35	100.00	28.43	100.00

嘉兴沿岸（D2）断面，底栖动物生物量为 29.96 g/m²，从高到低依次为软体动物 16.17 g/m²，甲壳动物 13.68 g/m²，鱼类生物量最少，为 0.11 g/m²，仅占总量的 0.37%。栖息密度为 29.33 个/m²，以甲壳动物居首，为 20.88 个/m²；其次是软体动物 7.55 个/m²，鱼类分布的栖息密度极低，仅为 0.88 个/m²（表 3-14）。

表 3-14　嘉兴沿岸（D2）断面底栖动物生态特征组成（2012 年）

种类	种数	生物量（g/m²）	比例（%）	栖息密度（个/m²）	比例（%）
软体动物	3	16.17	53.96	7.55	25.76
甲壳动物	1	13.68	45.67	20.88	71.24
鱼类	1	0.11	0.37	0.88	3.00
总计	5	29.96	100.00	29.31	100.00

慈溪市东部沿岸（D3）断面，底栖动物生物量为 28.05 g/m²，从高到低依次为软体动物 15.31 g/m²，甲壳动物 12.69 g/m²，多毛类生物量极其稀少，仅为 0.05 g/m²。栖息密度为 35.10 个/m²，与生物量排序相似，以甲壳动物居首，为 23.88 个/m²；其次是软体动物 10.55 个/m²；多毛类数量最低，仅为 0.67 个/m²（表 3-15）。

表 3-15　慈溪市东部沿岸（D3）断面底栖动物生态特征组成（2012 年）

种类	种数	生物量（g/m²）	比例（%）	栖息密度（个/m²）	比例（%）
多毛类	1	0.05	0.18	0.67	1.91
软体动物	3	15.31	54.58	10.55	30.06
甲壳动物	4	12.69	45.24	23.88	68.03
总计	8	28.05	100.00	35.10	100.00

（二）2013 年

在本调查海域获取 3 个断面的底栖动物生物量和栖息密度，其平均值分别为 137.63 g/m² 和 135.43 个/m²。

上海市漕泾沿岸（D1）断面，底栖动物生物量为 53.54 g/m²，从高到低依次为甲壳动物 33.06 g/m²，软体动物 20.32 g/m²，多毛类相对稀少，生物量仅为 0.16 g/m²。栖息密度为 51.56 个/m²，以软体动物居首，为 27.56 个/m²；其次是甲壳动物 22.22 个/m²；多毛类最低，仅为 1.78 个/m²（表 3-16）。

表 3-16　漕泾沿岸（D1）断面底栖动物生态特征组成（2013 年）

种类	种数	生物量（g/m²）	比例（%）	栖息密度（个/m²）	比例（%）
多毛类	1	0.16	0.29	1.78	3.45
软体动物	2	20.32	37.95	27.56	53.45
甲壳动物	2	33.06	61.75	22.22	43.10
总计	5	53.54	100.00	51.56	100.00

嘉兴沿岸（D2）断面，底栖动物生物量为 275.19 g/m²，从高到低依次为甲壳动物 154.93 g/m²；软体动物 117.63 g/m²；多毛类位列第 3，为 2.33 g/m²；纽形动物最少，仅有 0.30 g/m²。栖息密度为 244.44 个/m²，以软体动物居首，为 171.55 个/m²；其次是甲壳动物 36.44 个/m²，多毛类居第 3、为 25.78 个/m²，纽形动物为 10.67 个/m²（表 3-17）。

表 3-17　嘉兴沿岸（D2）断面底栖动物生态特征组成（2013 年）

种类	种数	生物量（g/m²）	比例（%）	栖息密度（个/m²）	比例（%）
纽形动物	1	0.30	0.11	10.67	4.36
多毛类	1	2.33	0.85	25.78	10.55
软体动物	2	117.63	42.74	171.55	70.18
甲壳动物	2	154.93	56.30	36.44	14.91
总计	6	275.19	100.00	244.44	100.00

慈溪市东部沿岸（D3）断面，底栖动物生物量为 84.16 g/m²，从高到低依次为甲壳动物 42.59 g/m²，其次是软体动物 25.33 g/m²，纽形动物 8.33 g/m²，鱼类 7.91 g/m²。栖息密度为 97.84 个/m²，以甲壳动物居首，为 50.32 个/m²；其次是软体动物 30.21 个/m²，鱼类为 9.98 个/m²，纽形动物 7.33 个/m²（表 3-18）。

表 3-18　慈溪市东部沿岸（D3）断面底栖动物生态特征组成（2013 年）

种类	种数	生物量（g/m²）	比例（%）	栖息密度（个/m²）	比例（%）
纽形动物	1	8.33	8.33	7.33	7.49
鱼类	1	7.91	7.91	9.98	10.20
软体动物	3	25.33	25.33	30.21	30.88
甲壳动物	4	42.59	42.59	50.32	51.43
总计	9	84.16	100.00	97.84	100.00

四、主要种类

潮间带底栖动物优势种年际更替比较明显，相同断面两年的优势种类组成差异性很大。不同潮间带的优势种类结构亦不相同，显示出空间差异性特征。纵肋织纹螺和不倒翁虫分别为 2012 年和 2013 年的主要优势种。

（一）2012 年

1. 漕泾沿岸（D1）断面

优势种出现 3 种，其中红螺（*Rapana bezoar*）优势度最低（优势度 0.02）、纵肋织纹螺最占优势（优势度 0.41）、海蟑螂（*Ligia exotica*）优势度为 0.12。3 种优势种生物量占总生物量的 32.53%，优势种栖息密度占总栖息密度的 43.76%（表 3－19）。

2. 嘉兴沿岸（D2）断面

优势种出现 3 种，3 种优势地位相差不大，伍氏厚蟹（*Helice japonica*）略高（优势度 0.05），其次是齿纹蜑螺（*Nerita yoldi*）优势度 0.03、日本大眼蟹（*Macrophthalmus japonicus*）优势度最低（优势度 0.01）。3 个优势种生物量占总生物量的比例高达 81.26%，优势种栖息密度占总栖息密度的比例高达 76.39%（表 3－19）。

3. 慈溪市东部沿岸（D3）断面

优势种出现 5 种，优势度最高的为日本鼓虾（*Alpheus japonicus*，优势度 0.15），其次是智利巢沙蚕（优势度 0.12）、纵肋织纹螺（优势度 0.07）和豆形拳蟹（*Philyra pisum*，优势度 0.08），优势度相差不大，宽身大眼蟹（*Macrophthalmus dilatatum*）优势度最低（优势度 0.05）。优势种生物量占总生物量的比例高达 87.24%，优势种栖息密度占总栖息密度的 39.15%（表 3－19）。

（二）2013 年

1. 漕泾沿岸（D1）断面

优势种出现 4 种，秀丽织纹螺优势度最高（优势度 0.10），其次是长吻吻沙蚕（*Glycera chirori*）和豆形拳蟹（优势度均为 0.05），日本对虾优势度最低（优势度 0.03）。优势种生物量占总生物量的 53.29%，优势种栖息密度占总栖息密度的比例高达 98.24%（表 3－19）。

2. 嘉兴沿岸（D2）断面

优势种仅出现痕掌沙蟹（*Ocypode stimpsoni*，优势度 0.07）和不倒翁虫（优势度 0.18）2 种。优势种生物量占总生物量的比例高达 90.62%，优势种栖息密度占总栖息密度的比例高达 87.55%（表 3－19）。

3. 慈溪市东部沿岸（D3）断面

优势种出现 4 种，优势度最高的为圆筒原盒螺（*Eocylichna cylindrella*，优势度 0.13），其次是齿纹蜒螺（优势度 0.12），居第 3 的为四齿大额蟹（*Metopograpsus frontalis*，优势度 0.04），优势度最低的为不倒翁虫（优势度 0.03）。优势种生物量占总生物量的比例高达 92.37%，优势种栖息密度占总栖息密度的比例高达 95.68%（表 3-19）。

表 3-19　潮间带底栖动物优势种生态特征组成

时间	断面	优势种类	优势度	生物量占比（%）	栖息密度占比（%）
2012 年	D1	红螺	0.02	32.53	32.53
		纵肋织纹螺	0.41		
		海蟑螂	0.12		
	D2	齿纹蜒螺	0.03	81.26	76.39
		日本大眼蟹	0.01		
		伍氏厚蟹	0.05		
	D3	智利巢沙蚕	0.12	87.24	39.15
		纵肋织纹螺	0.07		
		日本鼓虾	0.15		
		豆形拳蟹	0.08		
		宽身大眼蟹	0.05		
2013 年	D1	秀丽织纹螺	0.10	53.29	98.24
		长吻吻沙蚕	0.05		
		日本对虾	0.03		
		豆形拳蟹	0.05		
	D2	痕掌沙蟹	0.07	90.62	87.55
		不倒翁虫	0.18		
	D3	不倒翁虫	0.03	92.37	95.68
		齿纹蜒螺	0.12		
		圆筒原盒螺	0.13		
		四齿大额蟹	0.04		

五、基本特征与评价

（一）多样性分析

1. 2012 年

调查海域 3 个断面底栖动物多样性指数（H'）、丰富度、单纯度和均匀度 4 个多样性指标。多样性指数（H'）分布平均值为 1.51，变动范围为 0.78~2.12，慈溪东部沿岸断面最大，漕泾沿岸最小。3 个潮区中，中潮区最大（平均为 1.96），低潮区最小（平均为 0.90），丰富度分布与多样性总体一致。综合各项生态指标表明，本调查海域潮间带生物由一定种类组成，多样性指数较低，群落结构较不稳定。相对而言，中潮区的物种多样性最高，群落结构最稳定；慈溪东部沿岸断面中潮区种类较多，物种多样性最高，群落稳定性最高；漕泾沿岸断面低潮区种类少，物种多样性最小，群落稳定性最低（表 3-20）。

表 3-20　潮间带底栖动物生物多样性指数（2012 年）

内容		多样性（H'）		丰富度（c）		单纯度（d）		均匀度（J'）	
		数值	平均值	数值	平均值	数值	平均值	数值	平均值
D1	高潮	1.53		0.60		0.28		0.95	
	中潮	1.97	1.42	0.96	0.60	0.31	0.36	0.82	0.92
	低潮	0.78		0.25		0.50		1.00	
D2	高潮	1.58		0.72		0.47		0.68	
	中潮	1.79	1.43	0.75	0.56	0.33	0.45	0.90	0.83
	低潮	0.92		0.22		0.56		0.92	
D3	高潮	1.91		0.45		0.24		0.72	
	中潮	2.12	1.67	0.88	0.57	0.48	0.44	0.95	0.88
	低潮	1.00		0.39		0.59		0.98	

2. 2013 年

调查海域 3 个断面底栖动物多样性指数（H'）、丰富度、单纯度和均匀度 4 个多样性指标。多样性指数（H'）分布平均值为 1.68，变动范围为 0~2.97，慈溪东部沿岸断面最大，嘉兴沿岸最小。中潮区最大（平均为 2.68），丰富度分布与多样性总体一致。综合各项生态指标表明，本调查海域潮间带生物由一定种类组成，多样性指数较低，群落结构较不稳定。相对而言，中潮区的物种多样性最高，群落结构最稳定；慈溪东部沿岸断面种类较多，物种多样性最高，群落稳定性最高；嘉兴沿岸种类少，物种多样性最小，群落稳定性最低（表 3-21）。

表 3-21　潮间带底栖动物生物多样性指数（2013 年）

内容		多样性（H'）		丰富度（c）		单纯度（d）		均匀度（J'）	
		数值	平均值	数值	平均值	数值	平均值	数值	平均值
D1	高潮	1.00		0.25		0.50		1.00	
	中潮	2.97	1.96	1.21	0.64	0.14	0.31	0.94	0.97
	低潮	1.92		0.47		0.28		0.96	
D2	高潮	1.13		0.54		0.64		0.44	
	中潮	2.20	1.11	0.82	0.45	0.28	0.64	0.85	0.43
	低潮	0		0		1.00		0	
D3	高潮	1.01		0.30		0.44		0.35	
	中潮	2.88	1.98	1.28	0.72	0.21	0.28	0.78	0.46
	低潮	2.05		0.59		0.18		0.25	

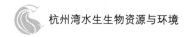

（二）评价分析

2013年潮间带调查中，底栖动物生物量和栖息密度平均值分别为137.63 g/m² 和135.43个/m²，底栖动物生物量和栖息密度从高到低依次为嘉兴沿岸断面—慈溪东部沿岸断面—漕泾沿岸断面。漕泾沿岸断面底栖动物的低量值，可能与沿岸的围填海工程占有部分滩涂，加之附近化工企业的污染排放有一定关系。底栖动物生物量和栖息密度均以甲壳动物居首，其次是软体动物。与2012年相比，生物量和栖息密度都有大幅度提高，分别增加3.62倍和5.67倍。

2013年底栖动物共有16种，略低于2012年的3种。杭州湾潮间带底栖生物绝大部分属于河口性及广温低盐性种类；种类组成中以甲壳动物占优势，其次是软体动物。不同潮间带的优势种类结构亦不相同，3个断面优势种差异性明显，基本无相同种类，显示出不同的地域性特征。潮间带底栖动物优势种年际更替比较明显，相同断面两年的优势种类组成差异性很大。纵肋织纹螺和不倒翁虫分别成为2012年和2013年的主要优势种类。综合各项生态指标表明，本调查海域潮间带生物种类少，多样性指数均在2.00以下，群落结构较不稳定。与历史资料相比（张海波，2008），种类结构单一，甲壳生物和鱼类生物数量和种类下降十分明显。随着经济活动的影响，杭州湾潮间带生物受污损现象严重，潮间带生物种类呈下降趋势，特别是近岸海域随着低滩促淤围涂工程的发展，潮间带生物群落已受到严重破坏。

第五节　鱼卵和仔鱼

一、调查及分析方法

调查时间和站位与水温同步进行。鱼卵和仔鱼样品采用浅水 I 型网自底层至表层作垂直拖网取样，采得的样品在现场用5％的福尔马林固定保存后带回实验室称重，鉴定分析，计数（赵传铟，1985）。鱼卵和仔鱼数量分别用个/m³ 和尾/m³ 表示。

二、种类组成

调查海域共出现5目11科21个种类，其中以鲈形目出现种类最多，为12种；其次是鲱形目共出现5种，灯笼鱼目、鲻形目、鲽形目和鳕形目各出现1种。

（一）2012 年

2 个航次共采集到的鱼卵、仔鱼标本属 4 目 10 科（表 3-22），共 19 个种类。其中，鉴定到种的有 15 种，鉴定到科的有 4 种。鲱形目鉴定出 4 种，鲻形目鉴定出 1 科 1 种，鲈形目鉴定出 3 科 9 种，鲽形目鉴定出 1 种。鲈形目所占种类数最高，为 63.16%；其次为鲱形目占 21.05%，鲽形目和鲻形目最少，低于 10%。

表 3-22　2012 年鱼卵和仔鱼各科出现频率和数量分布（%）

种类	5 月（春季）				8 月（夏季）			
	出现频率		数量百分比		出现频率		数量百分比	
	鱼卵	仔鱼	鱼卵	仔鱼	鱼卵	仔鱼	鱼卵	仔鱼
鲱科	100	—	100	—	—	—	—	—
鳀科	—	33.33	—	33.33	50.00	47.73	88.44	64.00
鲻科	—	—	—	—	8.33	—	2.32	—
石首鱼科	—	66.67	—	66.67	25.00	—	20.00	—
带鱼科	—	—	—	—	—	5.45	—	4.00
鰕虎鱼科	—	—	—	—	—	16.36	—	8.00
狗母鱼科	—	—	—	—	8.33	—	2.32	—
舒科	—	—	—	—	8.33	—	2.32	—
鳚科	—	—	—	—	25.01	—	4.64	—
舌鳎科	—	—	—	—	—	5.45	—	4.00
合计	100	100	100	100	100	100	100	100

调查海域采集到棱鲛、大黄鱼、凤鲚等均为传统的经济鱼种。采集的鱼卵标本出现 6 科卵，其中以鳀科卵出现的频率最高，达到 48.39%；鳚科卵出现频率为 29.03%，占第 2 位；鲻科第 3 位，为 9.67%。从数量比重看，鳀科卵最占优势，为 88.00%。其他各科数量均很少，仅占总量的 7% 以下。仔鱼种类较鱼卵要丰富，共出现 5 科，其中出现频率最高的为鳀科，占 46.81%；石首鱼科仔鱼出现频率为 27.66%，位列第 2；其余 3 科仔鱼出现频率均在 11% 以下。从数量比重看，最占优势的为鳀科，比重高达 92.25%；其余各科数量均较低，仅占 4% 以下。

1. 5 月（春季）

采集到的鱼卵、仔鱼标本属 2 目 3 科，共 4 个种类。鲱形目和鲈形目各 2 个种类。鱼卵标本只出现鲱科卵 1 种，分布密度为 0.25 个/m²。仔鱼标本中，共出现鳀科和石首鱼科 2 科，其中以石首鱼科出现频率和所占比例最高，均为 66.67%，其分布密度为 0.50 尾/m³，表明仔鱼种类组成较鱼卵要丰富（表 3-22）。

2. 8 月（夏季）

采集到的鱼卵、仔鱼标本属 5 目 9 科，共 14 个种类。其中鲈形目种类最多，鉴定出 7 个种类（3 科 4 种），鲱形目鉴定出 3 种，鲻形目 2 种，灯笼鱼目和鲽形目各鉴定出 1 种。鱼卵标本共出现 5 科，其中鳀科卵占有绝对优势，出现频率和数量比值最多，分别达到 50.00% 和 88.44%。鲬科卵出现频率和数量均位居第 2，其余 3 科（舒科、狗母鱼科、鲻科）数量和出现频率均很低，只在 10% 以下。仔鱼标本共出现 5 科。其中，以鳀科和石首鱼科出现频率最高，分别为 47.73% 和 25.00%，其分布密度分别为 127.75 尾/m³ 和 4.75 尾/m³；其余 3 科出现频率和数量相对较低（表 3-22）。

（二）2013 年

共采集到的鱼卵、仔鱼标本属 4 目 7 科（表 3-23），共 11 个种类。其中，鉴定到种的有 10 种，鉴定到属的有 1 种。鲱形目鉴定出 2 种，鲻形目鉴定出 1 种，鲈形目鉴定出 7 种，鳕形目鉴定出 1 属。鲈形目所占种类数最高，为 63.64%；其次为鲱形目占 18.18%；鳕形目和鲻形目最少。调查区采集到的棱鲛、大黄鱼、凤鲚等均为传统的经济鱼种。

表 3-23　2013 年鱼卵和仔鱼各科出现频率和数量分布（%）

种类	5 月（春季）				8 月（夏季）			
	出现频率		数量百分比		出现频率		数量百分比	
	鱼卵	仔鱼	鱼卵	仔鱼	鱼卵	仔鱼	鱼卵	仔鱼
鳀科	—	—	—	—	—	9.38	—	7.29
鲻科	—	50.00	—	66.67	—	6.25	—	2.08
石首鱼科	—	—	—	—	—	15.60	—	5.21
鰕虎鱼科	—	—	—	—	—	65.60	—	84.38
鲬科	—	50.00	—	33.33	—	—	—	—
鳚科	—	—	—	—	100	—	100	—
犀鳕科	—	—	—	—	—	3.13	—	1.04
合计	—	100	—	100	100	100	100	100

采集的鱼卵标本只出现鳚科卵 1 种。仔鱼种类较鱼卵要丰富，共出现 6 科，其中出现频率最高的为鰕虎鱼科，占 61.80%；石首鱼科仔鱼出现频率为 14.70%，位列第 2；其

余 3 科仔鱼出现频率均在 10％以下。从数量比重看，最占优势的为鰕虎鱼科，比重高达 81.80％；其余各科数量均较低，仅占 8％以下。

1. 5 月（春季）

未采集到鱼卵，仔鱼标本属 2 目 2 科 2 个种类，分别为鲻形目的棱鲛和鲈形目的香鯅。鲻科仔鱼和鲻科仔鱼出现频率各为 50％，数量比重以鲻科高，为 66.67％，其分布密度为 0.5 尾/m^2；鲻科数量比重为 33.33％，分布密度为 0.25 尾/米^3（表 3-23）。

2. 8 月（夏季）

采集到的鱼卵、仔鱼标本属 4 目 6 科，共 10 个种类。其中，鲈形目种类最多，鉴定出 6 个种类；鳕形目鉴定出 2 种；鲻形目和鳕形目各鉴定出 1 种。鱼卵标本只出现鳚科 1 种。仔鱼标本共出现 5 科。其中，以鰕虎鱼科出现频率最高，为 65.60％，其分布密度分别为 20.25 尾/m^3；石首鱼科出现频率为 15.60％，居第 2 位（表 3-23）。

三、数量分布及季节变化

（一）2012 年

2 个航次调查共采集到鱼卵 200 个，仔鱼 555 尾。鱼卵年平均分布密度为 28.78 个/m^3，仔鱼年平均分布密度为 21.55 尾/m^3。鱼卵 5 月（春季）数量极其稀少，8 月（夏季）数量明显增加。与鱼卵类似，仔鱼 5 月（春季）只有零星几个站位有少量出现，数量值很低。8 月（夏季）仔鱼的数量较 5 月（春季）激增，季节变动差异十分明显。

1. 5 月（春季）

从平面分布来看，本次调查鱼卵平均分布密度为 0.55 个/m^3，仅出现在中部海域的 4 号站（鱼卵分布密度为 5.50 个/m^3），其余站位均未有鱼卵分布。仔鱼平均分布密度为 1.50 尾/m^3，分布范围较鱼卵有所扩大，除在北部海域的 2 号站，中部海域的 3 号站和南部海域的 8 号站、南部海域 S2 号站有少量分布外（仔鱼数量均为 5 尾/m^3），其他测站的仔鱼数量均为零（图 3-54 和图 3-55）。

2. 8 月（夏季）

从平面分布来看，本次调查鱼卵平均分布密度为 57 个/m^3，数量变动范围为 0～265 个/m^3。鱼卵数量高峰值出现在南部海域的 8 号站，高达 265 个/m^3；中部海域的 3 号站、4 号站和南部海域的 5 号站数量变动范围为 65～105 个/m^3；北部海域的 1 号站和内侧海域的 S1 号站则无鱼卵出现。整个海域分布不均匀，呈现西北低东南高的分布格局。仔鱼平均分布密度为 41.1 尾/m^3，数量变动范围为 5～251 尾/m^3。最高数值出现在南部海域的 8 号站，数量达到 251 尾/m^3；其余海域数量变动范围为 5～55 尾/m^3。整个海域数量分布斑块状明显（图 3-56 和图 3-57）。

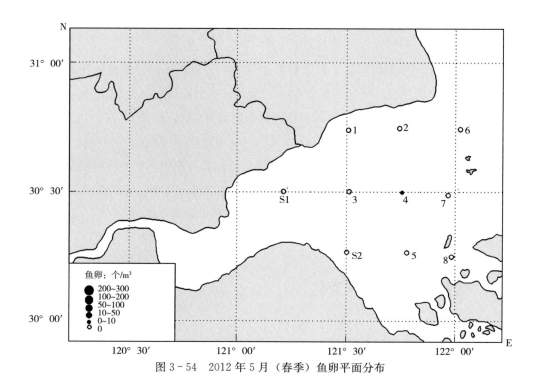

图 3 - 54 2012 年 5 月（春季）鱼卵平面分布

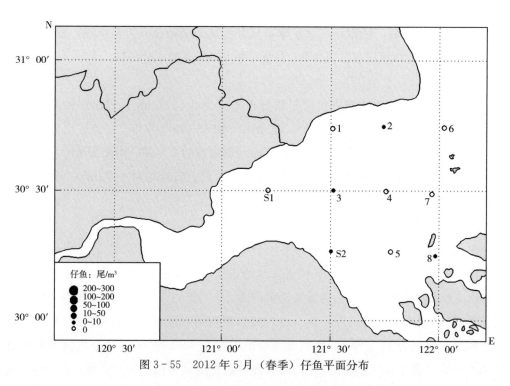

图 3 - 55 2012 年 5 月（春季）仔鱼平面分布

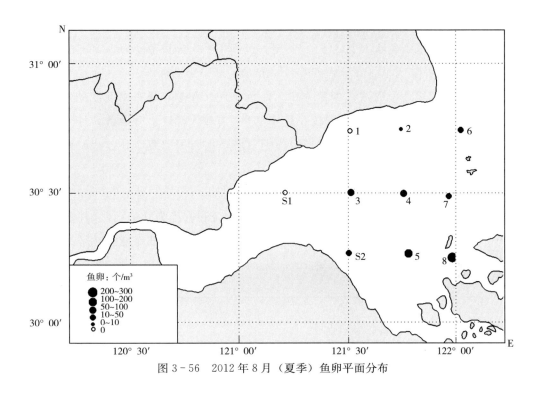

图 3-56 2012 年 8 月（夏季）鱼卵平面分布

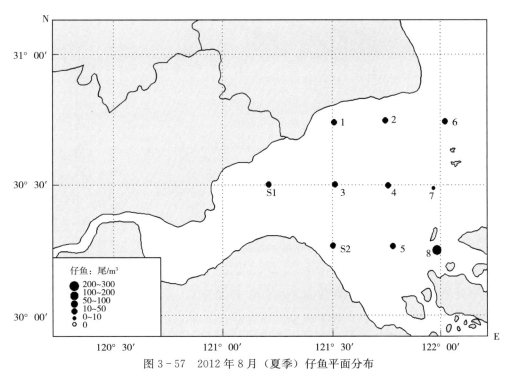

图 3-57 2012 年 8 月（夏季）仔鱼平面分布

（二）2013 年

两航次调查共采到鱼卵 1 个，仔鱼 99 尾。鱼卵年平均分布密度为 1.25 个/m³，仔鱼年平均分布密度为 11.50 尾/m³。鱼卵 5 月（春季）未采集到标本，8 月（夏季）数量也极其稀少，只有零星几个测站有少量分布。仔鱼 5 月（春季）分布密度变动范围为 5～10 尾/m³；8 月（夏季）仔鱼的数量较 5 月（春季）有较大幅度上升，是 5 月（春季）的 10 倍多，分布范围也有明显扩大。2013 年 5 月（春季）、8 月（夏季）监测调查，共采到鱼卵 1 个，仔鱼 99 尾。

1. 5 月（春季）

从平面分布来看，本次调查鱼卵未有出现，平均分布密度为 0 个/m³。仔鱼平均分布密度为 2.5 尾/m³，分布范围稀少；仅有外侧海域的 6 号站和南部海域的 8 号站有少量出现，分布密度分别为 20 尾/m³ 和 5 尾/m³；其余测站数量均为零值（图 3-58）。

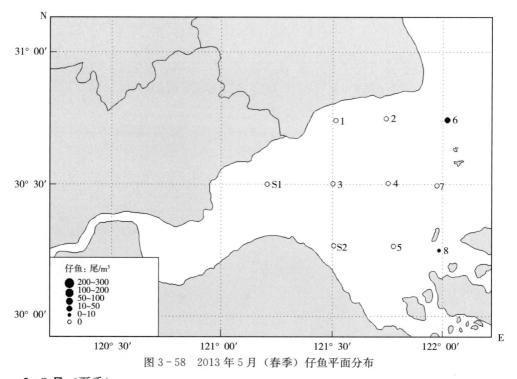

图 3-58　2013 年 5 月（春季）仔鱼平面分布

2. 8 月（夏季）

从平面分布来看，本次调查鱼卵平均分布密度为 2.5 个/m³；只出现在北部海域的 2 号站和南部海域的 S1 号站，数量稀少，分别为 10 个/m³ 和 15 个/m³；其余海域数量均为零值。仔鱼整个海域均有出现，平均分布密度为 20.5 尾/m³，变动范围为 5～85 尾/m³。最高数值出现在南部海域的 8 号站，数量为 85 尾/m³；低谷值出现在北部海域的 2 号站。整个海域仔鱼数量呈明显的斑块状分布（图 3-59 和图 3-60）。

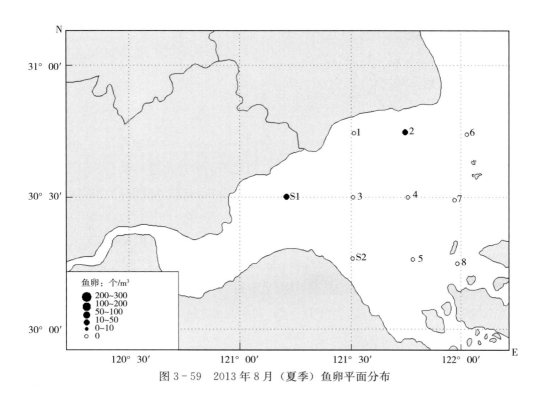

图 3-59　2013 年 8 月（夏季）鱼卵平面分布

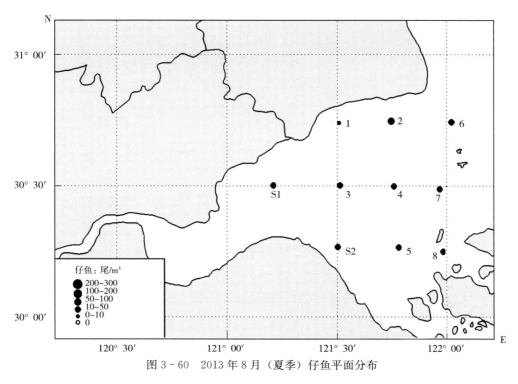

图 3-60　2013 年 8 月（夏季）仔鱼平面分布

四、主要种类

(一) 2012 年

1. 康氏小公鱼

中上层小型鱼类。在我国产于南海、台湾海峡和东海。多栖息于港湾和河口附近。产卵期为 4~8 月，以 4 月底至 6 月中为盛期，孵化不久的仔鱼喜集聚于沿岸浅水、水流较缓处。5 月 (春季)，该种鱼卵和仔鱼均未采集到标本。8 月 (夏季)，采集到 176 个鱼卵，占鱼卵总量的 88.10%，出现频率为 80%。其中，鱼卵分布密度以南部海域的 8 号站最高，达到 46 个/m³；中部海域的 3 号站和 4 号站，鱼卵数量也相对较高，变动范围为 20~35 个/m³；北部海域及南部内侧海域相对较低；个别站位甚至无鱼卵出现。整个海域分布极其不均匀，斑块状分布趋势明显。仔鱼共采集到 18 尾，仔鱼分布范围较鱼卵明显缩小。高峰值出现在北部海域的 2 号站，为 6 尾/m³；其余各站数量变动范围为 0~5 尾/m³。斑块状分布趋势明显 (图 3-61 和图 3-62)。

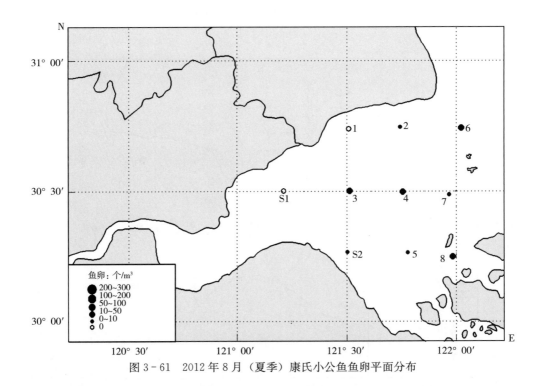

图 3-61 2012 年 8 月 (夏季) 康氏小公鱼鱼卵平面分布

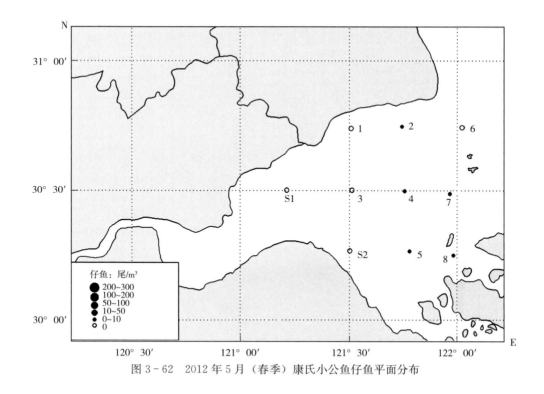

图 3-62　2012 年 5 月（春季）康氏小公鱼仔鱼平面分布

2. 鳀

集群性强的广温性中上层的小型经济鱼类。在我国渤海、黄海、东海、南海的近岸和外海都有鱼卵和仔鱼分布，产卵范围广，产卵期很长，属近岸捕捞对象。因个体小，一般制成干制品。其栖息水深一般在 25 m 以上，晴天栖息水层较深，阴、雨时栖息水层较浅。东海的产卵期为 1 月上旬至 4 月下旬，集中在 2 月上旬至 3 月中旬。东海区产卵水温一般为 13～22.6 ℃，盐度为 28.62～34.51。5 月（春季），只出现 2 尾仔鱼，零星分布在南部海域的 8 号站，仔鱼分布密度为 1.30 尾/m³，其他海域仔鱼均未出现。8 月（夏季），共采集到 491 尾仔鱼，占仔鱼总数的 88.47%，仔鱼数量季节性差异很大。本季以南部海域的 8 号站数量最多，达到 72 尾/m³；南部海域的 5 号站及中部海域的 3 号站和 4 号站数量相对较多，分别为 10 尾/m³、16 尾/m³ 和 20 尾/m³；其余测站数量在 1～8 尾/m³ 变动。整个海域斑块状分布明显（图 3-63 和图 3-64）。

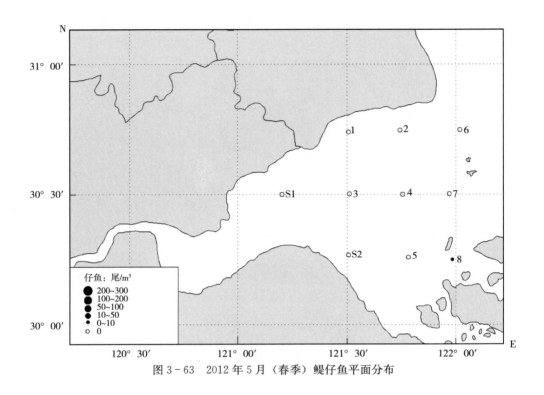

图 3-63　2012 年 5 月（春季）鳀仔鱼平面分布

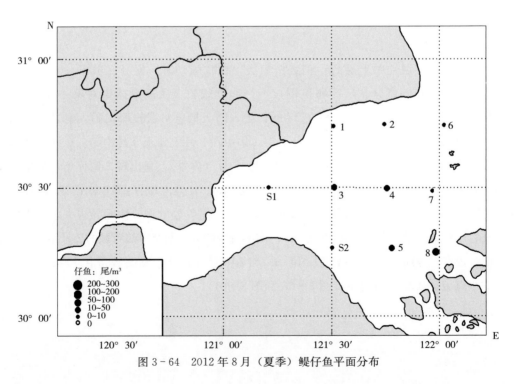

图 3-64　2012 年 8 月（夏季）鳀仔鱼平面分布

（二）2013 年

1. 栉孔鰕虎鱼

近岸底层性鱼类，无经济价值。在我国渤海、黄海、东海和南海均有分布。两个航次均未出现鱼卵，只出现仔鱼 15 尾，占仔鱼总数的 15.15%。2013 年只在 5 月（春季）有数量分布，且数量稀少，仅在北部海域的 6 号站和南部海域的 8 号站有少量分布，分别为 8 尾/m³ 和 3 尾/m³；其余测站数量均为零。斑块状分布趋势十分明显（图 3-65）。

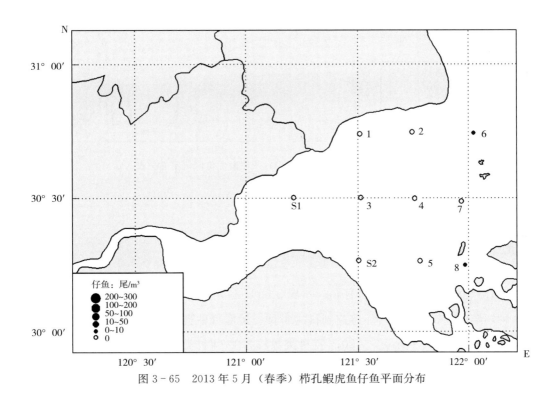

图 3-65　2013 年 5 月（春季）栉孔鰕虎鱼仔鱼平面分布

2. 矛尾鰕虎鱼

近岸底层性鱼类，无经济价值。在我国渤海、黄海、东海和南海均有分布。两个航次均未出现鱼卵，只出现仔鱼 15 尾，占仔鱼总数的 15.15%。本年度该种仔鱼只在 8 月（夏季）航次出现，分别位于北部海域的 2 号站（仔鱼分布密度为 13 尾/m³）和南部海域的 8 号站（仔鱼分布密度为 2 尾/m³），其余测站数量为零，斑块状分布趋势十分明显（图 3-66）。

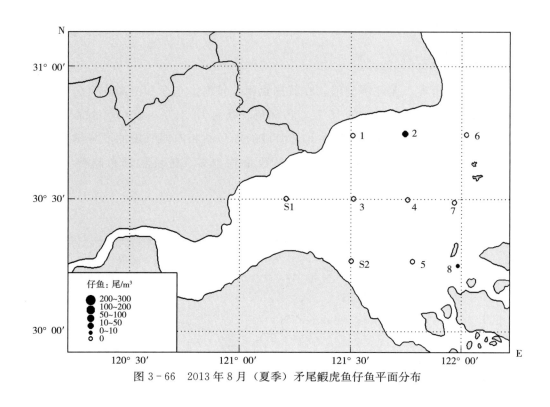

图 3-66　2013 年 8 月（夏季）矛尾鰕虎鱼仔鱼平面分布

五、基本特征与评价

杭州湾海域本次调查鱼卵和仔鱼标本属 5 目 11 科，共 20 个种类。其中，鉴定到种的有 18 种，鉴定到属的有 1 种，鉴定到科的 1 种。鲈形目种类最多，其次是鲱形目，鲻形目、鲤形目和鳕形目种类最少。2013 年种类数较 2012 年种类数出现一定幅度的下降，结构组成上差异较为显著。优势种季节变化和年际变化更替十分明显，2012 年优势种基本为鲱科类的鳀和康氏小公鱼，而 2013 年则经济鱼类的比重下降十分明显，优势地位完全被经济价值低的矛尾鰕虎鱼和椭孔鰕虎鱼所替代。这种种类变化趋势与杭州湾整体的渔业资源呈低值化有一定关系。

杭州湾海域鱼卵和仔鱼 2013 年数量分别为 1.25 个/m³ 和 11.50 尾/m³，较 2012 年的数量（28.78 个/m³ 和 34.75 尾/m³）出现大幅度的下滑，鱼卵和仔鱼分布范围也出现明显缩小，年际波动起伏明显。根据 2013 年同步的浮游动物调查来看，浮游动物 2013 年较 2012 年数量也出现大幅度减少，鱼类繁育需要丰富的饵料生物，无法获取充足的饵料食物来源，影响鱼类繁殖发育，这可能是导致本年度鱼卵和仔鱼下降的重要因素。从季节变化来看，2012 年和 2013 年，8 月（夏季）鱼卵和仔鱼的数量均显著高于同年 5 月（春季），增幅可达 4.6～32.8 倍。这与鱼类生物学习性有关，通常进入 5 月是鱼卵产卵盛期，随着夏季气温和水温的逐步升高，浮游植物和浮游动物数量也随之增加，为鱼类提供了充足的饵料来源。杭州湾作为某些洄游性鱼类的产卵场和通道，多种鱼类在此由繁殖期进入育幼阶段，因而能捕获到鱼类的幼体。

第六节　游泳动物

一、调查分析方法

采样站位和时间与水温同步进行。游泳动物参照《海洋渔业资源调查规范》和《海洋调查规范》（GB 12673—2007），采用单拖网调查方法进行游泳动物渔业资源综合性调查。

调查站位取样：在到站前 2 n mile 处放网，拖速控制在 2～3 kn。拖网取样时间以拖网着底或纲拉紧时为起始时间，至起网收纲时为结束时间来计算。调查在白天进行，每站调查时间为 0.5～1.0 h。

对游泳动物进行分种类渔获重量和数量统计（朱元鼎，1963；魏崇德，1991），记录网产量、拖网时间、船速等，并对每个种类进行现场生物学测定（体长、体重、成幼体等）。疑难样品用 5％福尔马林溶液固定保存后带回实验室分析鉴定。

游泳动物生物量和丰度计算采用面积法，计算公式为：

$$D = \frac{C}{q \times a}$$

式中：D——游泳动物生物量和丰度，t/km^2 和万尾$/km^2$；

　　　C——平均每小时拖网渔获量，尾/（网·h）或 kg/（网·h）；

　　　a——每小时网具取样面积，km^2/（网·h）；

　　　q——网具捕获率，中上层鱼类取 0.3，底层鱼类、头足类取 0.5，底栖性鱼类、虾、蟹类取 0.8。

二、种类组成及季节变化

杭州湾海域游泳动物共出现 51 种不同种类。其中，鱼类最多，达到 28 种；其次是虾类 12 种，蟹类 7 种，还有少量的软体动物 4 种。其中，主要中上层鱼类有黄鲫（*Setipinna tenuifilis*）、凤鲚（*Coilia mystus*）、银鲳（*Pampus argenteus*）等；主要底层鱼类有黄姑鱼

（*Albiflora croaker*）、带鱼（*Trichiurus lepturus*）、鳄鲬（*Cociella crocodilus*）、焦氏舌鳎（*Cynoglossus joyneri*）、半滑舌鳎（*Cynoglossus semilaevis*）、矛尾鰕虎鱼（*Chaeturichthys stigmatias*）、红狼牙鰕虎鱼（*Odontamblyopus rubicundus*）等，主要头足类有乌贼属一种（*Loligo sp.*）、鱿鱼科一种（*Octopodidae*）等；主要经济甲壳类动物有脊尾白虾（*Anchisquilla fasciata*）、安氏白虾（*Exopalaemon annandalei*）、口虾蛄（*Oratosquilla oratoria*）、三疣梭子蟹（*Portunus trituberculatus*）、日本鲟（*Charybdis japonica*）等。

（一）2012 年

2012 年调查海域游泳动物种类共 43 种。其中，鱼类出现种类最多，有 24 种，占总种数 55.81%；其次是虾类 11 种，占 25.58%；蟹类居第 3 位；贝类种类最少，仅出现 2 种，占 4.65%。其中，鱼类分属于 8 目 15 科，以鲈形目种类最多，达到 11 种；其次是鲱形目有 4 种；第 3 位是鲀形目；其他 5 目（灯笼鱼目、鳗鲡目、鲇形目、鲻形目和鲽形目）各出现 1 种（表 3-24）。

表 3-24　杭州湾游泳动物各类群的种类数量（2012 年）

类群	目数	科数	种数	占种类百分比（%）
鱼类	鲱形目	2	4	55.81
	灯笼鱼目	1	1	
	鳗鲡目	1	1	
	鲇形目	1	1	
	鲀形目	2	2	
	鲈形目	6	11	
	鲻形目	1	1	
	鲽形目	1	3	
甲壳类	虾类	—	11	25.58
	蟹类	—	6	13.95
软体动物	贝类	—	2	4.65
合计			43	100

调查海域游泳动物种类的季节变化相对比较稳定，5 月（春季）捕获的种类数略低于 8 月（夏季）。5 月（春季）捕获种类有 31 种不同种类（鱼类 19 种、虾类 6 种、蟹类 6 种），其中鱼类 19 种分属于 7 目 12 科；8 月（夏季）有 35 种不同种类（鱼类 19 种、虾类 10 种、蟹类 4 种、贝类 2 种），其中鱼类 19 种分属于 7 目 13 科。

1. 游泳动物（重量、数量）分类群百分比组成（%）

2012 年调查海域游泳动物（重量、数量）分类群组成（%）见表 3-25。游泳动物总重量中，虾类占总重量比例最高，达到 45.92%；其次是鱼类，占总重量的 40.30%；贝类占总重量的比值最低，仅为 0.24%。游泳动物总数量中，虾类占总数量比例最高，达到 88.54％；其次是鱼类，所占比例为 9.44％；贝类占总数量的比值最低，仅为 0.20％。

表 3 - 25　2012 年游泳动物（重量、数量）分类群组成（％）

类群	重量			数量		
	5 月（春季）	8 月（夏季）	合计	5 月（春季）	8 月（夏季）	合计
鱼类	13.46	26.84	40.30	2.65	6.79	9.44
虾类	14.91	31.01	45.92	31.59	56.95	88.54
蟹类	7.34	6.20	13.54	0.92	0.90	1.82
贝类	—	0.24	0.24		0.20	0.20
合计	35.71	64.29	100.00	35.16	64.84	100.00

5 月（春季），虾类占总重量比值最高，为 14.91％；其次是鱼类；蟹类占第 3 位；贝类未有样品出现。虾类占游泳动物总数量比值最高，为 31.59％；其次为鱼类；蟹类占比很低，仅有 0.92％。

8 月（夏季），虾类占总重量比值亦有所增加，为 31.01％，居第 1 位；鱼类占总重量较 5 月有所增加，达到 26.84％，居第 2 位；蟹类占总质量比值居第 3 位；贝类占总重量仍为最低。虾类占游泳动物总尾数比值最高，为 56.95％；其次为鱼类；蟹类占比很低，仅有 0.90％；贝类所占比例最低，仅为 0.20％。

调查海域游泳动物渔获重量和渔获数量占比均呈现夏季（8 月）高、春季（5 月）低的变化趋势。各类群渔获重量和渔获数量占比的季节变化亦不相同，鱼类、虾类和贝类季节趋势一致，渔获重量和渔获数量占比均以夏季（8 月）高、春季（5 月）低；蟹类的变化趋势相反，渔获重量和渔获数量占比均以春季（5 月）高、夏季（8 月）低。

2. 各站游泳动物（重量、数量）分类群组成（％）

2012 年调查各站中，南部海域的 8 号站出现的游泳动物重量占全海域总重量百分比最高，为 10.53％；最低值则出现在外侧海域的 7 号站，占比仅 4.16％。其中，5 月（春季）南部海域 8 号站，游泳动物重量所占百分比最高，为 4.61％；最低值则出现在中部海域的 3 号站，占 1.36％。8 月（夏季）北部海域 2 号站，游泳动物重量所占百分比最高，达到 6.27％；最低值则出现在外侧海域的 7 号站，占比 0.76％。

2012 年调查各站中，北部海域的 2 号站出现的游泳动物数量所占全海域总数量百分比最高，为 15.59％；最低值则出现在外侧海域的 7 号站，占比仅 1.59％。其中，5 月（春季）南部海域的 8 号站，游泳动物数量所占百分比最高，达到 4.37％；最低值则出现在北部海域的 2 号站，仅有 1.00％。8 月（夏季）调查海域北部的 2 号站，游泳动物数量占总数量百分比最高，达到 14.59％；最低值则出现在外侧海域的 7 号站，占比 0.38％。

（二）2013 年

2013 年调查海域总游泳动物中共出现 39 种不同种类。其中，鱼类出现种类最多，为 21 种，占总种数 53.85%；虾类居第 2 位，占 28.20%，出现 11 种；蟹类居第 3 位，出现 5 种；头足类最低，仅有 5.13%。其中，鱼类分属于 8 目 12 科。其中，鲈形目出现种类最多，达到 9 种；其次是鲱形目；第 3 位为鲀形目和鲽形目，各 2 种；其余 4 目（灯笼鱼目、鳗鲡目、鲇形目和鲻形目）各出现 1 种。

调查海域游泳动物种类的季节变化相对比较稳定，5 月（春季）有 25 种不同种类（鱼类 14 种、虾类 7 种、蟹类 4 种）；其中，鱼类 14 种，分属于 6 目 9 科。8 月（夏季）有 33 种不同种类（鱼类 19 种、虾类 8 种、蟹类 4 种、头足类 2 种）；其中，鱼类 19 种，分属于 7 目 10 科。

1. 游泳动物（重量、数量）分类群组成（%）

2013 年调查海域游泳动物（重量、数量）分类群组成（%）见表 3 - 26。游泳动物总重量中，鱼类占总重量比值最高，达到 48.56%；其次是虾类，占总重量的 35.74%；头足类类占总重量的比值最低，仅为 0.37%。游泳动物总数量中，虾类占绝大多数，高达 72.33%；鱼类占比 25.62%，居第 2 位；蟹类第 3，为 1.98%；头足类最低，仅为 0.07%（表 3 - 26）。

表 3 - 26　2013 年游泳动物（重量、数量）分类群组成（%）

类群	重量			数量		
	5 月	8 月	合计	5 月	8 月	合计
鱼类	9.07	39.49	48.56	2.77	22.85	25.62
虾类	8.64	27.10	35.74	29.31	43.02	72.33
蟹类	5.03	10.30	15.33	1.29	0.69	1.98
头足类	—	0.37	0.37	—	0.07	0.07
合计	22.74	77.26	100.00	33.37	66.63	100.00

5 月（春季），鱼类占总重量比值最高，为 9.07%；其次是虾类，占总重量比值为 8.64%；蟹类占总重量比值居第 3 位，仅为 5.03%；头足类未有样品出现。虾类占游泳动物总数量比例最高，为 29.31%；鱼类占游泳动物总数量比例居次；蟹类占总数量比例最低，仅有 1.29%。

8 月（夏季），鱼类占总重量较 5 月有所增加，达到 39.49%，比值最高；其次是虾类，占总重量比值较 5 月亦有所增加，为 27.10%；蟹类占总重量比值居第 3 位，头足类占总重量最低，仅有 0.37%。虾类占游泳动物总数量的比例最高，达到 43.02%；其次是鱼类，为 22.85%；蟹类和头足类比例非常低，都在 1% 以下。

调查海域游泳动物渔获重量和渔获数量占比均呈现夏季（8月）高，春季（5月）低的变化趋势。各类群渔获重量和渔获数量占比的季节变化不相同，鱼类、虾类和头足类季节趋势一致，渔获重量和渔获数量占比均以夏季（8月）高、春季（5月）低；蟹类的变化趋势相反，渔获重量占比以夏季（8月）高、春季（5月）低，渔获数量占比则以春季（5月）高、夏季（8月）低。

2. 各站游泳动物（重量、数量）分类群组成（％）

2013年调查各站中，南部海域8号站出现的游泳动物重量占全海域总重量百分比最高，为12.31％，最低值则出现在南部海域的5号站，仅占3.28％。其中，5月（春季）外侧海域7号站，游泳动物重量所占百分比最高，为2.82％；最低值则出现在中部海域的3号站，占0.25％。8月（夏季）南部海域的8号站，游泳动物重量所占百分比最高，达到11.18％；最低值则出现在南部海域的5号站，占比2.15％。

2013年调查各站中，外侧海域的7号站出现的游泳动物数量所占全海域总数量百分比最高，为16.06％；最低值则出现在内侧海域S1号站，仅占2.94％。其中，5月（春季）外侧海域7号站，游泳动物数量所占百分比最高，为4.90％；最低值则出现在中部海域的3号站，占0.30％。8月（夏季）内侧海域S1号站，游泳动物数量所占百分比最高，达到11.16％；最低值则出现在外侧海域的7号站，占比0.47％。

（三）生态类型

杭州湾的气候、水深、地貌及海况等自然环境条件差异较为显著，影响了本海域游泳动物的组成和分布。根据其分布与水深，以及温度、盐度等环境因素的关系，可将杭州湾游泳动物划分为3个生态类型。

1. 河口性类型

常年受陆源冲淡水的影响，盐度过低区域出现的种类有刀鲚（*Coilia ectenes*）、凤鲚（*Coilia mystus*）、中华绒螯蟹（*Portunus trituberculatus*）。

2. 近岸性类型

受大陆气候和江河冲淡水注入的影响，温度变化幅度较大、盐度偏低的区域，多为广温低盐性种类。如脊尾白虾（*Anchisquilla fasciata*）、安氏白虾（*Exopalaemon annandalei*）、日本鼓虾（*Alpheus japonicus*），洄游性的鱼类如银鲳（*Pampus argenteus*）、白姑鱼（*Argyrosomus argentatu*）、鮸（*Miichthys miiuy*）。

3. 近海性类型

多受沿岸低盐水和外海高盐水的混合影响，多为广温广盐性的种类。这种类型的鱼类多数时间栖息分布在水深30 m以内海域，有较强的适温适盐能力，也多是广温广盐性种类。如龙头鱼（*Harpadon nehereus*）、黄鲫（*Setipinna tenuifilis*）、棘头梅童鱼（*Collichthys lucidus*）、带鱼（*Trichiurus lepturus*）、葛氏长臂虾（*Palaemon gravieri*）、哈氏仿对虾（*Parapenaeopsis harbwickii*）、中华管鞭虾（*Solenocera crassi-cornis*）、刀额仿对虾（*Parapenaeopsis cultrirostris*）、三疣梭子蟹（*Portunus trituber-culatus*）等。

三、游泳动物优势种类

（一）2012 年

2012 年调查海域游泳动物（重量、数量）优势种及其占各类群游泳动物渔获量（重量、数量）的百分比（％），见表 3-27。

表 3-27　2012 年优势种及其占各类群游泳动物（重量、数量）比例（％）

类群	月份	鱼类	虾类	蟹类
重量优势种	5 月和 8 月	①棘头梅童鱼（32.49） ②鮸（11.96） ③龙头鱼（11.90）	①葛氏长臂虾（52.26） ②安氏白虾（19.28）	①三疣梭子蟹（54.34）
	5 月	①鮸（25.95） ②孔鰕虎鱼（24.67） ③焦氏舌鳎（14.29）	①葛氏长臂虾（56.60） ②安氏白虾（20.37）	①三疣梭子蟹（58.46）
	8 月	①棘头梅童鱼（45.12） ②龙头鱼（17.57） ③焦氏舌鳎（10.35）	①葛氏长臂虾（50.18） ②安氏白虾（18.76）	①三疣梭子蟹（49.47）
数量优势种	5 月和 8 月	①棘头梅童鱼（47.61） ②孔鰕虎鱼（18.31） ③焦氏舌鳎（9.46）	①葛氏长臂虾（69.82） ②安氏白虾（19.29）	①三疣梭子蟹（49.11）
	5 月	①孔鰕虎鱼（51.63） ②焦氏舌鳎（14.29） ③白姑鱼 6.77）	①葛氏长臂虾（65.25） ②安氏白虾（19.32）	①狭颚绒螯蟹（47.29）
	8 月	①棘头梅童鱼（65.63） ②焦氏舌鳎（7.58） ③龙头鱼（6.68）	①葛氏长臂虾（72.15） ②安氏白虾（19.22）	①三疣梭子蟹（54.23）

1. 游泳动物重量优势种

2012 年 5 月（春季）和 8 月（夏季）调查海域游泳动物重量优势种中，鱼类重量第一优势种为棘头梅童鱼，占总重量的 32.49％；此外，还有一些沿岸性种类，如鮸和龙头鱼。虾类渔获重量优势种中第一优势种为葛氏长臂虾，占总重量的 52.26％，优势地位显著；此外，还有安氏白虾。蟹类渔获重量优势种只有三疣梭子蟹一种，占总重量的 54.34％。

从季节变化来看，鱼类优势种类中除焦氏舌鳎春夏季均有出现外，其他鱼种更替明显，特别是春季 5 月，甚至出现低价值的孔鰕虎鱼成为优势种类。虾类优势种类季节变化稳定，春夏季均以葛氏长臂虾和安氏白虾为优势种类。蟹类优势种仅有三疣梭子蟹一种，两季均有出现。

2. 游泳动物数量优势种

2012 年 5 月（春季）和 8 月（夏季）调查海域游泳动物数量优势种中，鱼类数量第一优势种为棘头梅童鱼，占总数量比例高达 47.61%，低经济价值的孔鰕虎鱼和焦氏舌鳎也是优势种。虾类渔获数量优势种依次有葛氏长臂虾和安氏白虾，分别占 69.82% 和 19.29%。蟹类渔获数量优势种仅有三疣梭子蟹一种。

从季节变化来看，鱼类优势种类中除焦氏舌鳎春夏季均有出现外，其他鱼种更替明显，特别是春季 5 月，甚至出现低价值的孔鰕虎鱼成为第一优势种类，比例高达 51.63%。虾类优势种类季节变化稳定，春夏季均以葛氏长臂虾和安氏白虾为优势种类。蟹类优势种季节更替明显，春季（5 月）为狭颚绒螯蟹，夏季（8 月）则被三疣梭子蟹替代。

（二）2013 年

2013 年调查海域渔获量（重量、数量）优势种及其占各类群渔获量（重量、数量）的百分比（%），见表 3 - 28。

表 3 - 28　2013 年分类群优势种及其占各类群游泳动物（重量、数量）比例（%）

类群	月份	鱼类	虾类	蟹类
重量优势种	5 月和 8 月	①棘头梅童鱼（30.06） ②龙头鱼（25.92） ③鮸（13.12）	①葛氏长臂虾（37.16）	①三疣梭子蟹（70.59）
	5 月	①孔鰕虎鱼（27.51） ②鮸（25.30） ③半滑舌鳎（13.27）	①葛氏长臂虾（57.38）	①三疣梭子蟹（51.90）
	8 月	①棘头梅童鱼（34.86） ②龙头鱼（31.82） ③鮸（10.35）	①哈氏仿对虾（42.89）	①三疣梭子蟹（79.72）
数量优势种	5 月和 8 月	①棘头梅童鱼（59.79） ②龙头鱼（18.42） ③孔鰕虎鱼（7.95）	①葛氏长臂虾（63.96）	①三疣梭子蟹（49.54）
	5 月	①孔鰕虎鱼（51.91） ②焦氏舌鳎（14.29） ③鮸（11.01）	①葛氏长臂虾（57.27）	①日本鲟（34.04）
	8 月	①棘头梅童鱼（66.81） ②龙头鱼（20.63） ③焦氏舌鳎（3.09）	①葛氏长臂虾（68.53）	①三疣梭子蟹（80.00）

1. 游泳动物重量优势种

2013 年 5 月（春季）和 8 月（夏季）调查海域游泳动物重量优势种中，鱼类重量第一优势种为棘头梅童鱼，占总重量的 30.06％；此外，还有一些沿岸性种类，如鮸和龙头鱼。虾类渔获重量优势种只有 1 种，为葛氏长臂虾，占总重量的 37.16％。蟹类渔获重量优势种只有三疣梭子蟹 1 种，占总重量的 70.59％，优势地位突出。

从季节变化来看，鱼类优势种类中除鮸春夏季均有出现外，其他鱼种更替明显，特别是春季 5 月，甚至出现低价值的孔鰕虎鱼成为第一优势种类。虾类优势种类季节变化不稳定，春季为葛氏长臂虾，夏季为哈氏仿对虾。蟹类优势种仅有三疣梭子蟹 1 种，两季均有出现。

2. 游泳动物数量优势种

2013 年 5 月（春季）和 8 月（夏季）调查海域游泳动物数量优势种中，鱼类数量第一优势种为棘头梅童鱼，总数量占比高达 59.79％，低经济价值的孔鰕虎鱼和龙头鱼也是优势种。虾类渔获数量优势种只有葛氏长臂虾 1 种。蟹类渔获数量优势种仅有三疣梭子蟹 1 种。

从季节变化来看，鱼类优势种类中除焦氏舌鳎春夏季均有出现外，其他鱼种更替明显，特别是春季 5 月，甚至出现低价值的孔鰕虎鱼成为第一优势种类，比例高达 51.91％。虾类优势种类季节变化稳定，春夏季均以葛氏长臂虾为优势种类。蟹类优势种季节更替明显，春季（5 月）为日本蟳，夏季（8 月）则被三疣梭子蟹替代。

四、主要渔业种类生物学评价

1. 2012 年

（1）体重和体长　2012 年调查海域 5 月（春季）和 8 月（夏季）游泳动物平均个体体重 1.230 g（5 月为 1.247 g，8 月为 1.218 g）。其中，鱼类平均体重为 5.244 g（5 月为 6.234 g，8 月为 4.858 g）；虾类平均体重为 0.638 g（5 月为 0.580 g，8 月为 0.669 g）；蟹类平均体重为 9.052 g（5 月为 9.788 g，8 月为 8.316 g）；贝类平均体重为 1.472 g（5 月无，8 月为 1.473 g）。

2012 年 5 月（春季）和 8 月（夏季）调查海域经生物学测定的部分个体渔业生物体重范围、平均体重、体长范围和平均体长见表 3 - 29 和表 3 - 30。

（2）千克重数量　2012 年调查海域游泳动物千克重数量为 813 尾（5 月为 801 尾，8 月为 819 尾）。其中，鱼类千克重数量为 190 尾（5 月为 160 尾，8 月为 205 尾）；虾类千克重数量为 1 567 尾（5 月为 1 724 尾，8 月为 1 492 尾）；蟹类千克重只数为 110 只（5 月为 102 只，8 月为 120 只）；贝类千克重数量为 680 只（5 月无，8 月为 680 只）。

（3）游泳动物中幼体百分比　2012 年 5 月（春季）监测调查，分类群幼体占比最高的为鱼类，其次是虾类，蟹类幼体占比最低。其中，鱼类中 9 种鱼的幼鱼平均占比 55.54％，虾类中的 5 种虾的幼虾平均占 47.36％，蟹类中的 3 种蟹的幼蟹平均占 42.16％（表 3-29）。

表 3-29　2012 年 5 月（春季）渔业生物体重、体长、千克重数量和幼鱼比例

品名	体重（g）		体长（mm）		千克重数量（尾）	幼鱼比例（％）
	范围	平均值	范围	平均值		
黄鲫	30.0～60.0	45.0	138～175	157	22	—
凤鲚	1.0～22.0	5.4	67～180	100	185	47.62
刀鲚	9.0～35.0	21.0	63～235	163	47	50.00
龙头鱼	6.0～23.0	14.5	92～140	116	68	—
海鳗	14.0～18.0	16.0	230～250	240	62	—
中华海鲇	190.0～350.0	270.0	230～260	245	3	—
棘头梅童鱼	0.1～46.0	30.4	22～142	115	32	33.33
鮸	1.0～820.0	92.2	35～400	97	10	85.71
髭缟鰕虎鱼	1.5～17.0	7.0	39～97	62	142	41.67
孔鰕虎鱼	1.0～12.0	4.1	45～128	82	243	51.35
红狼牙鰕虎鱼	15.0～17.0	15.7	155～180	171	63	—
带鱼	24.0～27.0	25.5	315～330	323	39	—
银鲳	1.5	—	34	—	666	—
青鳞小沙丁鱼	9.0	—	82	—	111	—
白姑鱼	0.1～2.0	0.6	15～35	24	1 666	100.00
红娘鱼	1.0～2.0	1.5	30～45	37	666	—
半滑舌鳎	1.0～31.0	12.6	14～180	125	79	50.00
焦氏舌鳎	1.5～20.0	6.0	55～152	103	166	40.20
宽体舌鳎	17.0～42.0	29.5	150～192	171	33	—
脊尾白虾	0.5～8.0	2.9	21～67	42	344	59.62
安氏白虾	0.1～1.5	0.8	17～43	30	1 250	36.13
葛氏长臂虾	0.1～7.0	1.2	18～52	28	833	48.19
刀额仿对虾	2.0～7.0	4.5	44～75	60	222	—
日本鼓虾	0.1～3.0	1.0	15～38	24	1 000	39.02
口虾蛄	1.0～14.0	4.8	35～90	60	208	53.85
三疣梭子蟹	1.0～75.0	19.0	38～110	63	52	79.10
豆形拳蟹	2.0	—	20	—	500	—
日本关公蟹	5.0	—	19	—	200	—
日本蟳	6.0～105.0	40.4	14～80	52	24	47.37
中华绒螯蟹	65.0～95.0	81.7	56～74	63	12	0.00
狭颚绒螯蟹	0.1～6.0	1.3	7～22	12	769	—

2012 年 8 月（夏季）监测调查，分类群幼体占比最高的为鱼类，其次是虾类，蟹类幼体占比最低。其中，鱼类中的 13 种鱼的幼鱼平均占 63.89％，虾类中的 7 种虾的幼虾

平均占 57.53%，蟹类中的 2 种蟹的幼蟹平均占 53.30%（表 3 - 30）。

表 3 - 30　2012 年 8 月（夏季）渔业生物体重、体长、千克重数量和幼鱼比例

品名	体重（g）		体长（mm）		千克重数量（尾）	幼鱼比例（%）
	范围	平均值	范围	平均值		
凤鲚	1.5～12.0	4.0	57～140	81	250	73.52
刀鲚	8.0～121.0	46.3	125～137	136	21	—
龙头鱼	3.0～55.0	18.7	60～185	117	53	39.78
海鳗	2.0～70.0	26.3	120～400	240	38	50.00
四指马鲅	2.0～16.0	4.3	36～102	48	232	90.20
棘头梅童鱼	0.1～50.0	6.9	18～145	57	144	75.32
鮸	0.5～170.0	28.3	20～230	73	35	85.00
白姑鱼	0.2～35.0	4.8	22～120	42	208	84.62
黄姑鱼	20.0～50.0	34.3	100～123	114	29	—
髭缟鰕虎鱼	3.0～25.0	7.9	43～102	66	126	70.59
矛尾鰕虎鱼	1.0～14.0	3.6	38～100	59	277	65.31
红狼牙鰕虎鱼	4.0～7.0	5.5	105～150	127	181	—
孔鰕虎鱼	1.0～10.0	6.3	48～120	90	158	41.18
带鱼	6.0	—	200		166	—
乌鲹	1.0～43.0	25.3	31～110	79	39	66.67
银鲳	5.0～80.0	47.5	45～125	87	21	—
鳄鲀	7.0	—	92		142	—
半滑舌鳎	5.0～35.0	14.1	100～180	133	70	37.84
焦氏舌鳎	1.0～16.0	6.9	48～150	106	144	50.54
脊尾白虾	0.1～7.0	3.0	21～67	41	333	42.02
安氏白虾	0.1～2.0	0.9	22～40	30	1 111	57.33
葛氏长臂虾	0.1～3.0	0.8	16～42	26	1 250	65.12
中国对虾	15.0	—	95		66	—
哈氏仿对虾	0.5～5.0	2.2	28～60	44	454	70.87
刀额仿对虾	11.0	—	75		90	—
中华管鞭虾	0.1～4.0	1.6	17～47	35	625	52.11
鲜明鼓虾	0.3～2.5	1.4	20～35	28	714	54.55
细螯虾	0.1～0.2	0.2	18～19	19	—	—
口虾蛄	0.1～23.0	5.6	14～115	62	178	60.71
三疣梭子蟹	0.5～120.0	14.7	18～130	52	68	78.46
豆形拳蟹	5.0	—	20		—	—
日本蟳	0.3～80.0	35.4	12～75	50	28	28.13
狭颚绒螯蟹	0.5～2.0	1.2	10～20	14	833	—
缢蛏	2.0～3.0	2.5	3～32	26	—	—
织纹螺	0.2～3.5	2.0	11～25	19	—	—

2. 2013 年

（1）体重和体长 2013 年调查海域 5 月（春季）和 8 月（夏季）游泳动物平均个体体重 2.35 g（5 月为 1.60 g，8 月为 2.72 g）。其中，鱼类平均体重为 4.45 g（5 月为 7.69 g，8 月为 4.06 g）；虾类平均体重为 1.16 g（5 月为 0.69 g，8 月为 1.48 g）；蟹类平均体重为 18.17 g（5 月为 9.18 g，8 月为 34.81 g）；头足类平均体重为 13.18 g（5 月无，8 月为 13.18 g）。

2013 年 5 月（春季）和 8 月（夏季）调查海域经生物学测定的部分个体分种类体重范围、平均体重、体长范围和平均体长见表 3-31 和表 3-32。

表 3-31 2013 年 5 月（春季）渔业生物体重、体长、千克重数量和幼鱼比例

品名	体重（g）		体长（mm）		千克重数量（尾）	幼鱼比例（%）
	范围	平均值	范围	平均值		
黄鲫	65.0	—	180	—	15	—
刀鲚	1.5～7.0	4.3	28～117	88	232	81.82
凤鲚	0.1～11.0	4.5	27～170	87	222	57.69
龙头鱼	8.0	—	90	—	125	—
海鳗	7.0	—	186	—	142	—
中华海鲇	22.0	—	100	—	45	—
棘头梅童鱼	22.0～48.0	35.9	105～130	121	27	22.00
鲵	0.2～520.0	54.4	20～520	20	18	95.35
多鳞鱚	55.0	—	185	—	18	—
髭缟鰕虎鱼	0.1～15.0	7.9	27～88	67	126	50.00
红狼牙鰕虎鱼	9.0	—	140	—	111	—
孔鰕虎鱼	0.5～11.0	5.6	10～115	78	178	35.80
半滑舌鳎	1.0～25.0	11.5	55～175	123	86	28.57
焦氏舌鳎	0.5～15.0	6.7	45～145	101	149	35.29
脊尾白虾	3.0～8.0	5.0	50～85	62	200	33.33
安氏白虾	0.1～2.5	0.9	20～38	28	1 111	45.75
葛氏长臂虾	0.1～4.0	1.0	18～50	29	1 000	46.04
细螯虾	0.1～1.5	0.9	22～35	30	1 111	—
细巧仿对虾	0.2 1.5	0.8	18～37	25	1 250	59.09
日本鼓虾	0.1～3.5	1.1	15～40	25	909	43.10
口虾蛄	3.0～35.0	8.1	52～130	70	123	58.33
三疣梭子蟹	1.0～110.0	16.2	25～110	57	61	68.00
日本蟳	1.0～70.0	14.5	10～65	34	689	63.64
豆形拳蟹	1.5～8.0	3.4	8～16	14	294	—
狭颚绒螯蟹	0.1～3.0	1.0	6～15	9	1 000	—

表 3-32　2013 年 8 月（夏季）渔业生物体重、体长、千克重数量和幼鱼比例

品名	体重（g）		体长（mm）		千克重数量（尾）	幼鱼比例（%）
	范围	平均值	范围	平均值		
鳀	2.0～15.0	5.5	60～120	79	181	—
黄鲫	30.0	—	150	—	33	—
凤鲚	1.0～20.0	8.9	45～172	116	112	47.17
刀鲚	18.0～24.0	21.1	170～194	184	47	12.50
龙头鱼	1.0～120.0	11.9	48～190	92	84	72.09
海鳗	30.0～105.0	65.7	45～385	246	15	33.33
四指马鲅	1.0～3.0	1.7	30～52	37	588	100.00
白姑鱼	4.0～48.0	14.9	55～130	82	67	75.00
鮸	37.0～150.0	74.9	135～230	171	13	33.33
小黄鱼	12.0～18.0	14.8	80～100	91	67	100.00
棘头梅童鱼	0.5～50.0	8.0	24～142	56	125	85.71
髭缟鰕虎鱼	10.0～27.0	15.8	75～114	86	63	—
矛尾鰕虎鱼	1.5～4.0	2.8	47～65	56	357	—
红狼牙鰕虎鱼	14.0	—	210	—	71	—
孔鰕虎鱼	1.0～10.0	5.6	48～125	90	178	46.43
半滑舌鳎	5.0～28.0	12.8	95～180	131	78	57.14
焦氏舌鳎	2.0～15.0	6.7	8～132	96	149	77.42
绿鳍马面鲀	70.0	—	115	—	14	—
黄鳍东方鲀	3.0	—	45	—	333	—
脊尾白虾	1.0～7.0	3.2	32～65	46	312	21.31
安氏白虾	0.5～2.5	1.2	23～40	32	833	61.90
葛氏长臂虾	0.5～6.0	1.4	22～55	31	714	45.00
哈氏仿对虾	2.0～17.0	8.6	48～95	73	116	15.38
中华管鞭虾	1.0～6.0	2.4	34～60	44	416	54.05
周氏新对虾	10.0	—	72	—	100	—
中国对虾	15.0	—	90	—	66	—
口虾蛄	1.0～18.0	5.6	45～110	65	178	68.18
三疣梭子蟹	3.0～127.0	36.2	36～127	78	27	55.56
红星梭子蟹	12.0	—	60	—	83	—
日本蟳	15.0～95.0	39.5	43～80	57	25	30.00
豆形拳蟹	5.0～6.0	5.5	19～22	21	181	—
乌贼	3.0～16.0	11.0	18～70	49	90	—
鱿鱼	3.0～21.0	15.0	40～65	57	66	—

（2）千克重数量　2013 年调查海域调查游泳动物千克重数量为 425 尾（5 月为 624 尾，8 月为 367 尾）。其中，鱼类千克重数量为 224 尾（5 月为 130 尾，8 月为 246 尾）；虾类千克重数量为 862 尾（5 月为 1 444 尾，8 月为 675 尾）；蟹类千克重只数为 55 只（5 月为 108 只，8 月为 28 只）；头足类千克重数量为 75 只（5 月无，8 月为 75 只）。

（3）游泳动物中幼体百分比　2013 年 5 月（春季）监测调查，分类群幼体占比最高的为蟹类，其次是鱼类，虾类幼体占比最低。鱼类中 8 种鱼的幼鱼平均占 50.82%，虾类中 6 种虾的幼虾平均占 47.61%，蟹类中 2 种蟹的幼蟹平均占 65.82%（表 3-31）。

2013 年 8 月（夏季）监测调查，分类群幼体占比最高的为鱼类，其次是虾类，蟹类幼体占比最低。鱼类中 9 种鱼的幼鱼平均占 56.31%，虾类中 6 种虾的幼虾平均占 44.30%，蟹类中 2 种蟹的幼蟹平均占 42.78%（表 3-32）。

五、渔业生物资源量评估及季节变化

（一）游泳动物（重量、数量）分布状况

1. 2012 年

2012 年各站平均渔获重量为 11.156 kg/h，其中 5 月（春季）为 10.25 kg/h，8 月（夏季）为 12.06 kg/h；2012 年各站平均渔获数量为 14 893 尾/h，其中 5 月（春季）为 7 423 尾/h，8 月（夏季）为 22 362 尾/h。

2012 年 10 个调查站平均渔获重量最高值为 16.834 kg/h，出现在北部海域的 2 号站；最低值为 6.605 kg/h，出现在外侧海域的 7 号站。其中，5 月（春季）小时渔获重量最高值出现在南部海域的 8 号站，为 17.029 kg/h；最低值出现在中部海域的 3 号站，为 5.010 kg/h。显示出湾外侧海域逐步向湾内侧海域降低的趋势。8 月（夏季）小时渔获重量最高值 23.169 kg/h，出现在北部海域的 2 号站；最低值出现在外侧海域的 7 号站，仅为 2.820 kg/h。斑块状分布较为明显，见图 3-67 和图 3-68。

2012 年 10 个调查站平均渔获数量最高值 24 786 尾/h，出现在南部海域的 5 号站；最低值仅为 4 781 尾/h，出现在外侧海域的 7 号站。其中，5 月（春季）渔获数量最高值 13 160 尾/h，出现在内侧海域的 S1 号站；最低值为 3 010 尾/h，出现在北部海域的 2 号站。总体分布较为均匀。8 月（夏季）渔获数量最高值为 43 910 尾/h，出现在北部海域的 2 号站；最低值为 1 141 尾/h，出现在外侧海域的 7 号站。斑块状分布较为明显，见图 3-69 和图 3-70。

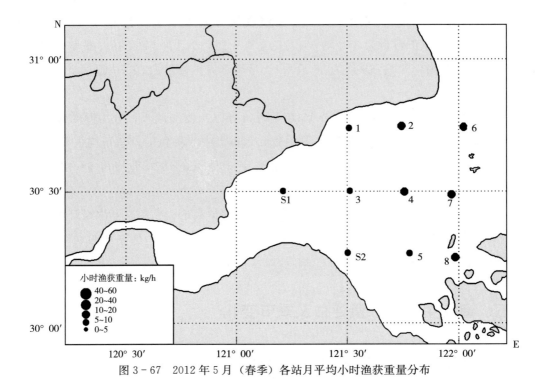

图 3 - 67　2012 年 5 月（春季）各站月平均小时渔获重量分布

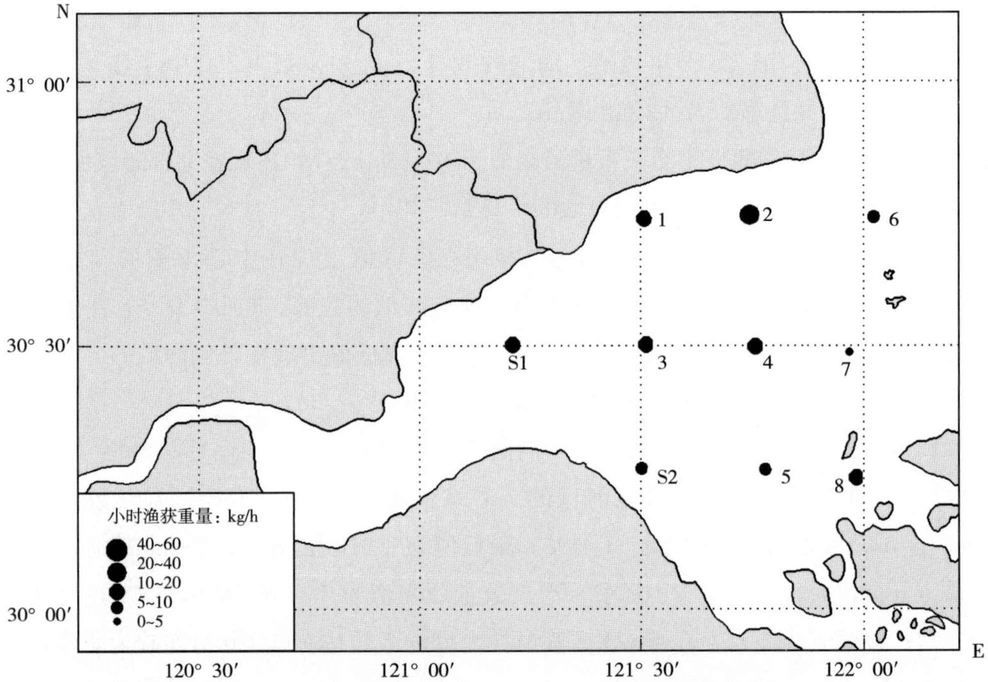

图 3 - 68　2012 年 8 月（夏季）各站月平均小时渔获重量分布

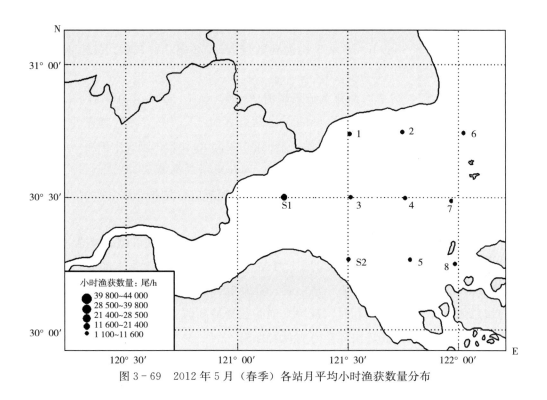

图 3-69 2012 年 5 月（春季）各站月平均小时渔获数量分布

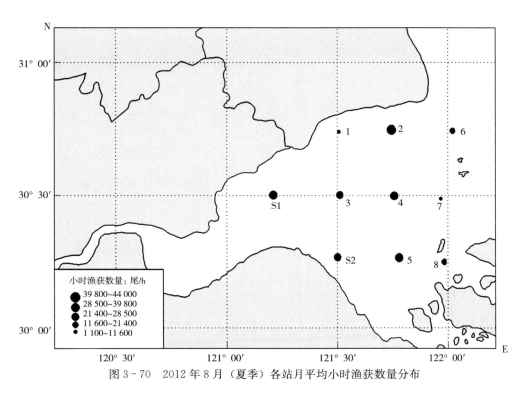

图 3-70 2012 年 8 月（夏季）各站月平均小时渔获数量分布

2. 2013 年

2013 年 10 个调查站平均渔获重量为 15.602 kg/h；其中，5 月（春季）为 6.916 kg/h，8 月（夏季）为 24.288 kg/h。各站平均渔获数量为 5552 尾/h；其中，5 月（春季）为 4 436 尾/h，8 月（夏季）为 6 669 尾/h。

2013 年 10 个调查站平均渔获重量最高值 30.065 kg/h，出现在外侧海域的 7 号站；最低值 8.300 kg/h，出现在北部海域的 1 号站。其中，5 月（春季）渔获重量最高值 13.149 kg/h，出现在外侧海域的 7 号站；最低值 1.156 kg/h，出现在中部海域的 3 号站。呈现出西北低东南高的分布格局。8 月（夏季）渔获重量最高值 52.128 kg/h，出现在南侧海域的 8 号站；最低值 10.014 kg/h，出现在南部海域的 5 号站。整个海域呈现湾外侧高内侧低的分布趋势，见图 3-71 和图 3-72。

2013 年 10 个调查站平均渔获数量最高值 15 942 尾/h，出现在外侧海域的 7 号站；最低值 2 681 尾/h，出现在内侧海域的 S1 号站。其中，5 月（春季）渔获数量最高值 9 720 尾/h，出现在外侧海域的 7 号站；最低值为 600 尾/h，出现在中部海域的 3 号站。整个海域总体分布比较均匀。8 月（夏季）渔获数量最高值 22 164 尾/h，出现在外侧海域 7 号站；最低值 936 尾/h，出现在内侧海域的 S1 号站。整个海域斑块状分布十分明显，见图 3-73 和图 3-74。

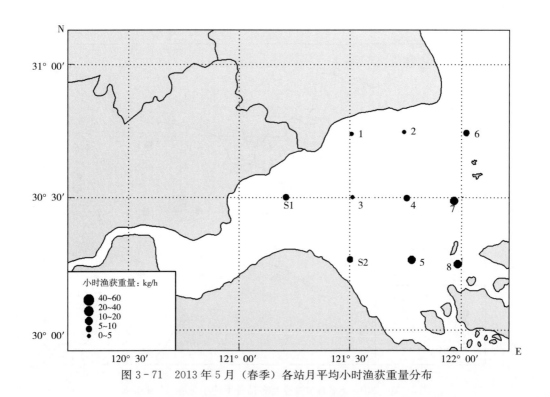

图 3-71　2013 年 5 月（春季）各站月平均小时渔获重量分布

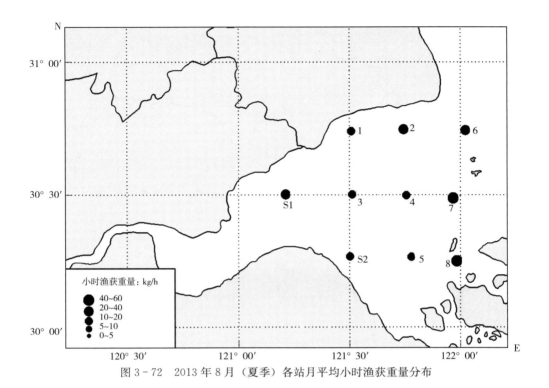

图 3-72　2013 年 8 月（夏季）各站月平均小时渔获重量分布

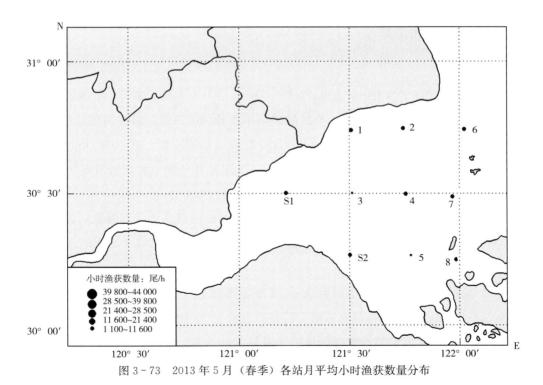

图 3-73　2013 年 5 月（春季）各站月平均小时渔获数量分布

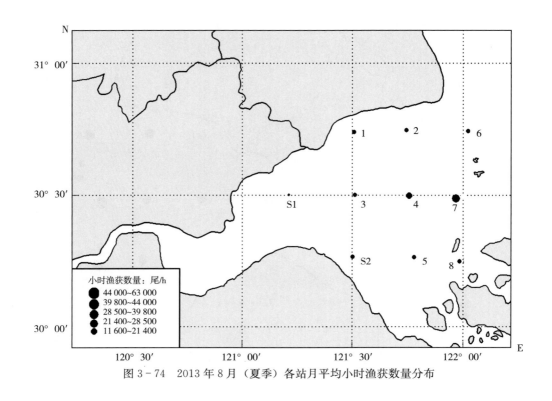

图 3-74　2013 年 8 月（夏季）各站月平均小时渔获数量分布

（二）生物量和丰度

1. 2012 年

2012 年 10 个站的平均生物量值为 226.780 t/km²。其中，5 月（春季）为 190.990 t/km²，8 月（夏季）为 262.571 t/km²；10 个站的平均丰度值为 22.623×10⁵ 万尾/km²。其中，5 月（春季）为 22.523×10⁵ 万尾/km²，8 月（夏季）为 22.723×10⁵ 万尾/km²。

（1）现存相对资源密度（重量、数量）　2012 年 5 月平均生物量值最高为外侧海域的 7 号站的 302.343 t/km²（图 3-75）；最低值出现在中部海域的 4 号站，仅为 129.666 t/km²。整个海域呈斑块状分布趋势。平均丰度值最高为北部海域的 2 号站，达到 54.312×10⁵ 万尾/km²；最低为外侧海域的 7 号站，仅有 6.053×10⁵ 万尾/km²。整个海域斑块状分布明显（图 3-76）。

2012 年 8 月平均生物量值最高为南部外侧海域的 8 号站，达到 443.343 t/km²（图 3-77）；最低值出现在外侧海域的 7 号站，仅有 142.768 t/km²。整个海域呈斑块状分布趋势。平均丰度值最高为北部海域的 2 号站，高达 62.331×10⁵ 万尾/km²；最低值位于外侧海域的 7 号站，仅有 8.295×10⁵ 万尾/km²。以 30°30′N 为界，整个海域呈北高南低分布格局（图 3-78）。

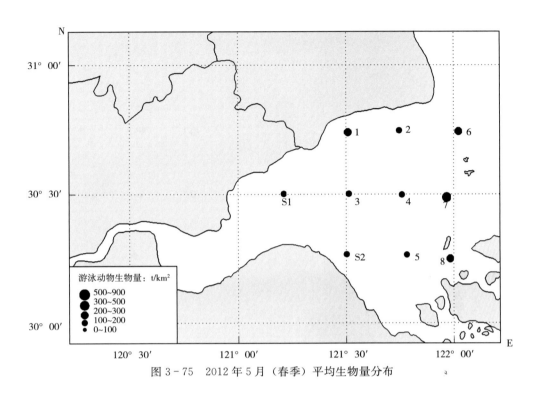

图 3 - 75 2012 年 5 月（春季）平均生物量分布

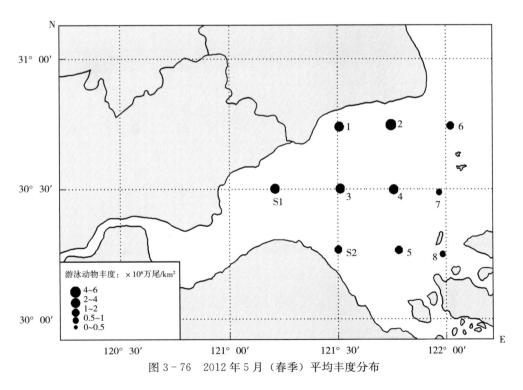

图 3 - 76 2012 年 5 月（春季）平均丰度分布

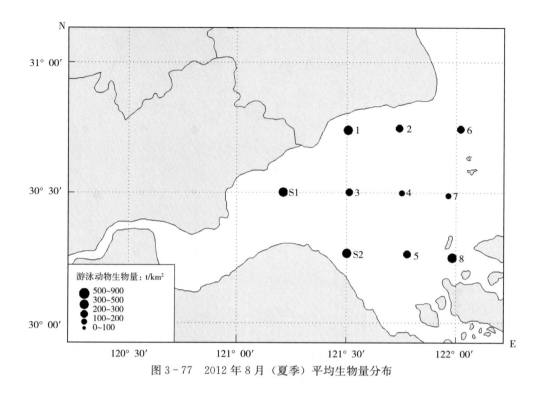

图 3-77　2012 年 8 月（夏季）平均生物量分布

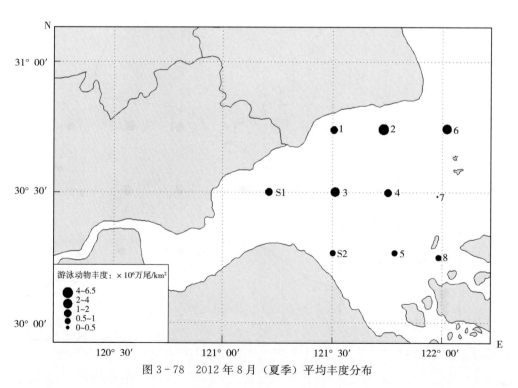

图 3-78　2012 年 8 月（夏季）平均丰度分布

（2）分类群平均生物量和丰度 2012 年分类群平均生物量见表 3-33。其中，虾类平均生物量值为 111.482 t/km²，居各类群首位；鱼类平均生物量值居第 2 位；蟹类平均生物量值居第 3 位；贝类平均生物量值最少，仅为 0.638 t/km²；虾类平均丰度值高达 17.538×10⁵ 万尾/km²，为各类群之首；其次是鱼类；蟹类平均丰度值居第 3 位；贝类平均丰度值最低，仅为 43×10² 万尾/km²。

表 3-33 2012 年分类群平均生物量和丰度

类群	生物量（t/km²）			丰度（×10⁵ 万尾/km²）		
	5 月	8 月	平均	5 月	8 月	平均
鱼类	61.048	107.162	84.105	2.346	2.555	2.453
虾类	96.98	125.984	111.482	15.318	19.757	17.538
蟹类	32.962	28.149	30.556	4.855	0.325	2.590
贝类	0	1.276	0.638	0	0.086	0.043
合计	190.990	262.571	226.780	22.523	22.723	22.623

从季节变化来看，游泳动物总生物量和丰度，均以 8 月（夏季）高于 5 月（春季）。各类群生物量和丰度的季节变化也不相同，鱼类、虾类和贝类季节趋势一致，生物量和丰度以夏季（8 月）高、春季（5 月）低；蟹类的变化趋势相反，均以春季（5 月）高、夏季（8 月）低。

（3）分种类生物量和丰度 2012 年 5 月（春季）和 8 月（夏季）监测调查平均生物量和丰度值中，各种类月平均资源密度（重量、数量）见表 3-34。

表 3-34 2012 年调查海域分种类平均生物量和丰度

品名	生物量（t/km²）	丰度（尾/km²）	品名	生物量（t/km²）	丰度（尾/km²）
黄鲫	0.547	1 196.9	黄姑鱼	0.364	1 048.8
凤鲚	1.302	30 326.4	髭缟鰕虎鱼	1.426	18 368.2
刀鲚	0.617	3 442.5	矛尾鰕虎鱼	1.526	77 610.3
青鳞小沙丁鱼	0.055	598.4	红狼牙鰕虎鱼	0.339	2 844.1
龙头鱼	12.493	96 566.6	孔鰕虎鱼	11.214	322 063.0
海鳗	0.788	4 343.2	带鱼	0.353	1 896.1
中华海鲇	3.283	1 196.9	银鲳	1.352	3 395.2
红娘鱼	0.037	2 393.7	乌鲳	1.685	6 222.8
鳄鲗	0.050	699.2	四指马鲅	1.203	29 366.1
棘头梅童鱼	33.839	944 098.1	半滑舌鳎	3.824	27 885.4
鲵	11.316	37 044.8	焦氏舌鳎	11.578	176 455.1
白姑鱼	0.617	43 152.3	宽体舌鳎	0.359	1 196.9

（续）

品名	生物量 （t/km²）	丰度 （尾/km²）	品名	生物量 （t/km²）	丰度 （尾/km²）
脊尾白虾	17.317	791 903.1	口虾蛄	5.112	110 980.2
安氏白虾	22.019	3 401 212.9	三疣梭子蟹	17.650	177 536.8
葛氏长臂虾	59.597	12 353 320.1	豆形拳蟹	0.090	2 696.0
中国对虾	0.106	699.2	关公蟹	0.031	598.4
哈氏仿对虾	2.965	180 880.9	日本蟳	11.692	31 087.3
刀额仿对虾	0.094	1 546.5	中华绒螯蟹	1.490	1 795.3
中华管鞭虾	2.320	234 998.4	狭颚绒螯蟹	1.730	144 816.6
日本鼓虾	4.564	531 998.0	缢蛏	0.249	9 229.4
鲜明鼓虾	0.389	25 870.1	织纹螺	0.390	33 631.1
细螯虾	0.002	978.9			

鱼类生物量值最高为棘头梅童鱼（33.893 t/km²）；最低为红娘鱼（0.037 t/km²）；虾类生物量值最高为葛氏长臂虾（59.597 t/km²），最低为细螯虾（0.002 t/km²）；蟹类生物量值最高为三疣梭子蟹（17.650 t/km²），最低为关公蟹（0.031 t/km²）；

鱼类丰度值最高为棘头梅童鱼（944 098.1 尾/km²），最低为青鳞小沙丁鱼（598.4 尾/km²）；虾类中最高为葛氏长臂虾（12 353 320.1 尾/km²），最低为中国对虾（699.2 尾/km²）；蟹类中最高为三疣梭子蟹（177 536.8 尾/km²），最低为关公蟹（598.4 尾/km²）。

2. 2013 年

2013 年 10 个站的平均生物量值为 288.372 t/km²。其中，5 月（春季）为 231.375 t/km²，8 月（夏季）为 345.368 t/km²；10 个站的平均丰度值为 18.787×10⁵ 万尾/km²。其中，5 月（春季）为 19.293×10⁵ 万尾/km²，8 月（夏季）为 18.283×10⁵ 万尾/km²。

（1）各站生物量和丰度　2013 年各站 5 月平均生物量值最高为南部外侧海域的 8 号站，达到 573.198 t/km²；最低出现在外侧海域的 7 号站，仅有 76.822 t/km²；整个海域呈斑块状分布趋势。各站平均丰度值最高出现在南部外侧海域的 8 号站，高达 36.492×10⁵ 万尾/km²；最低则出现在外侧海域的 7 号站，仅有 3.470×10⁵ 万尾/km²。整个海域呈斑块状分布趋势（图 3-79 和图 3-80）。

2013 年各站 8 月平均生物量值最高值出现在南部外侧海域的 8 号站的 894.367 t/km²（图 3-81）；最低出现在北部海域的 2 号站，仅有 85.561 t/km²。整个海域呈斑块状分布趋势。各站平均丰度值最高值为南部外侧海域的 8 号站，高达 44.709×10⁵ 万尾/km²；最低值为北侧海域的 2 号站，仅有 2.362×10⁵ 万尾/km²。整个海域呈斑块状分布趋势（图 3-81 和图 3-82）。

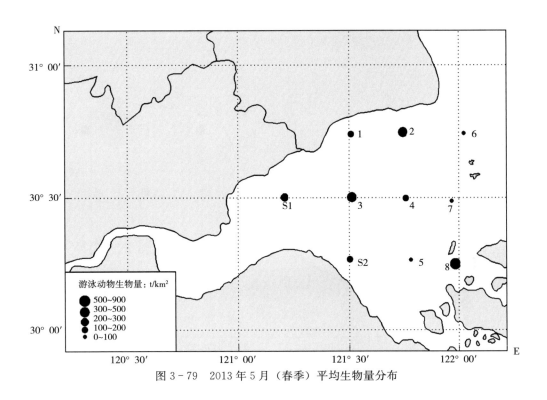

图 3-79　2013 年 5 月（春季）平均生物量分布

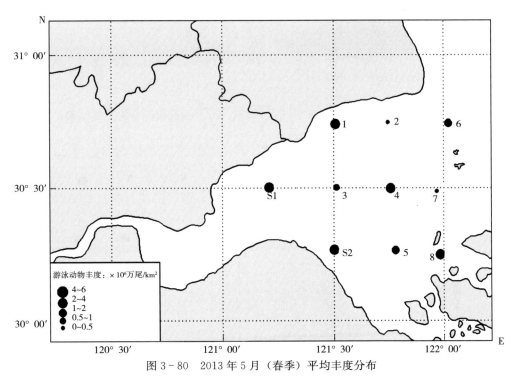

图 3-80　2013 年 5 月（春季）平均丰度分布

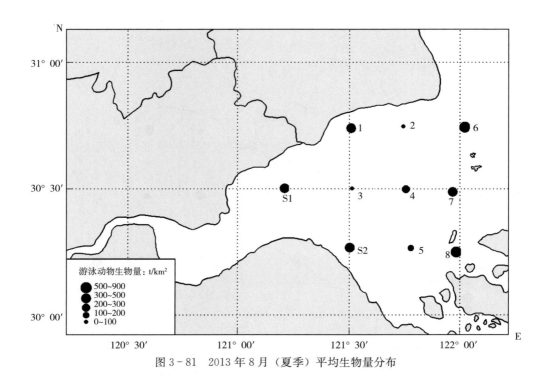

图 3-81 2013 年 8 月（夏季）平均生物量分布

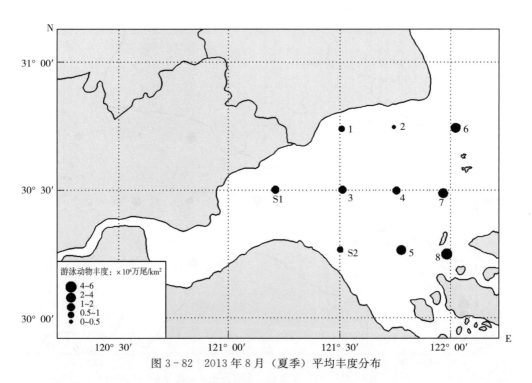

图 3-82 2013 年 8 月（夏季）平均丰度分布

（2）分类群生物量和丰度　2013年分类群平均生物量见表3-35。其中，虾类平均生物量值为119.218 t/km²，各类群居首位；鱼类平均生物量值为97.314 t/km²，居第2位，蟹类平均生物量值为70.702 t/km²；头足类类平均生物量值最少，仅为1.138 t/km²。虾类平均丰度值高达13.112×10⁵万尾/km²，为各类群之首；其次是鱼类，平均丰度值为4.448×10⁵万尾/km²；蟹类平均丰度值为为1.220×10⁵万尾/km²；头足类最低，平均丰度值仅为0.009×10⁵万尾/km²。

表3-35　2013年各月分类群平均生物量和丰度

类群	生物量（t/km²）			丰度（×10⁵万尾/km²）		
	5月	8月	平均	5月	8月	平均
鱼类	53.749	140.878	97.314	2.718	6.177	4.448
虾类	99.053	139.383	119.218	14.597	11.626	13.112
蟹类	78.573	62.831	70.702	1.978	0.046	1.220
头足类	0	2.276	1.138	0	0.018	0.009
合计	231.375	345.368	288.372	19.293	18.283	18.787

从季节变化来看，游泳动物总生物量以8月（夏季）高于5月（春季），总丰度以5月（春季）高于8月（夏季）。各类群生物量和丰度的季节变化亦不相同，鱼类和头足类季节趋势一致，生物量和丰度以夏季（8月）高、春季（5月）低；蟹类的变化趋势相反，生物量和丰度均以春季（5月）高、夏季（8月）低。虾类的变化趋势则是生物量以8月（夏季）高于5月（春季），丰度以5月（春季）高于8月（夏季）。

（3）分种类资源密度（重量、数量）　2013年5月（春季）和8月（夏季）监测调查海域月平均资源密度（重量、数量）值中，各渔获种类月平均资源密度（重量、数量）值见表3-36。

表3-36　2013年调查海域分种类平均生物量和丰度

品名	生物量（t/km²）	丰度（尾/km²）	品名	生物量（t/km²）	丰度（尾/km²）
日本鳀	1.107	23 687.5	白姑鱼	1.405	9 801.7
黄鲫	0.711	1 600.0	鮸	18.943	66 506.9
凤鲚	4.541	63 654.4	小黄鱼	0.463	3 267.3
刀鲚	1.794	17 499.4	棘头梅童鱼	44.346	2 070 307.9
龙头鱼	38.380	637 894.1	髭缟虾虎鱼	0.961	10 316.2
海鳗	1.597	3 233.7	矛尾虾虎鱼	0.043	1 633.6
中华海鲇	0.161	783.2	红狼牙虾虎鱼	0.176	1 600.0
四指马鲅	1.071	51 459.0	孔虾虎鱼	11.661	267 268.3
多鳞鱚	0.402	783.2	半滑舌鳎	8.101	67 659.7

（续）

品名	生物量 （t/km²）	丰度 （尾/km²）	品名	生物量 （t/km²）	丰度 （尾/km²）
焦氏舌鳎	9.750	146 867.0	细巧仿对虾	0.123	17 230.7
绿鳍马面鲀	0.550	816.8	日本鼓虾	3.307	477 367.2
黄鳍东方鲀	0.024	816.8	口虾蛄	1.799	29 718.0
脊尾白虾	3.998	152 642.5	三疣梭子蟹	32.458	130 362.8
安氏白虾	13.987	1 856 519.3	红星梭子蟹	0.432	816.8
葛氏长臂虾	39.459	6 158 945.2	日本蟳	12.141	73 119.0
哈氏仿对虾	35.450	498 253.4	豆形拳蟹	0.185	4 766.5
中华管鞭虾	8.711	401 869.9	狭颚绒螯蟹	0.487	51 692.0
周氏新对虾	0.079	816.8	乌贼	0.432	4 084.1
中国对虾	0.118	816.8	鱿鱼	0.707	4 900.9
细鳌虾	0.154	17 622.3			

　　鱼类生物量值最高为棘头梅童鱼的 44.346 t/km²，最低为黄鳍东方鲀的 0.024 t/km²；虾类生物量值最高为葛氏长臂虾的 39.459 t/km²，最低为周氏新对虾的 0.079 t/km²；蟹类生物量值最高为三疣梭子蟹的 32.458 t/km²，最低为豆形拳蟹的 0.185 t/km²。

　　鱼类丰度值最高为棘头梅童鱼的 2 070 307.9 尾/km²，最低为多鳞鱚和中华海鲇的各为 783.2 尾/km²；虾类中最高为葛氏长臂虾的 6 158 945.2 尾/km²，最低为中国对虾和周氏新对虾的 816.8 尾/km²；蟹类中最高为三疣梭子蟹的 130 362.8 尾/km²，最低为红星梭子蟹的 816.8 尾/km²。

六、综合评价

　　杭州湾海域本次调查游泳动物共有 45 种不同种类。其中，鱼类种类最多，有 24 种；其次是虾类有 11 种；蟹类种类居第 3 位，6 种；软体动物最少，仅有 4 种。

　　游泳动物总重量中，2013 年鱼类占 48.56%，虾类占 35.74%，蟹类占 15.33%，头足类占 0.37%；游泳动物总数量中，鱼类占 25.62%，虾类占 72.33%，蟹类占 1.98%，头足类占 0.07%。与 2012 年相比较，鱼类和蟹类比重有所增加，其他类群有所下降。这表明，不同类群游泳动物年际变动波幅较大。2012 年和 2013 年杭州湾调查海域鱼类渔获重量优势种基本保持不变，包含棘头梅童鱼、龙头鱼和鮸；虾类渔获重量优势种有葛氏长臂虾；蟹类渔获重量优势种有三疣梭子蟹。鱼类渔获数量优势种有棘头梅童鱼、龙头鱼和孔鰕虎鱼；虾类渔获数量优势种有葛氏长臂虾；蟹类渔获数量优势种有三疣梭子蟹。表明该区域游泳动物优势种结构基本较稳定。

杭州湾渔业资源历史上种类繁多，资源量丰富，主要由底层鱼类、中上层鱼类、虾蟹类、头足类、贝类及其他生物资源六大类组成。其中，渔业生产中开发利用的游泳动物资源主要有鱼类（鲳、棘头梅童鱼等）、虾类（安氏白虾等）、蟹类（三疣梭子蟹等）和头足类（海蜇等）等，生态习性多属于河口性种类和沿岸性种类。由于过度捕捞、生态环境恶化，以上这些大型的经济种类相继衰退，一些小型非经济种类的发生量持续增加。值得指出的是，本次调查中，棘头梅童鱼、三疣梭子蟹虽然依旧是优势种类，但比重有所下降。2012 年和 2013 年 5 月（春季）航次，出现了低经济价值的孔鰕虎鱼，且成为该季的第一优势种。这表明高经济价值的鱼类比重有所下降，低经济价值的鱼类比例有所上升。

2013 年平均渔获重量为 15.602 kg/h，与 2012 年同比有所增加。2013 年调查海域平均渔获数量为 5 552 尾/h，与 2012 年同比大幅度下降，降幅在 50% 以上。2013 年游泳动物幼体比例，鱼类幼体基本维持在 50% 以上，虾类基本在 45% 左右上下浮动，蟹类幼体基本在 40% 以上。与 2012 年同期相比，5 月（春季）鱼类幼体比重基本维持同一水平，虾类和蟹类幼体比例也基本接近；8 月（夏季）鱼类幼体比例有所下降，虾类和蟹类幼体比例则有小幅度上升。这表明调查海域游泳动物呈小型化和低龄化的趋势。

调查海域游泳动物生物量和丰度随季节变化差异显著，8 月夏季航次均明显高于 5 月春季航次。夏季钱塘江、曹娥江、长江等径流所形成的江浙沿岸流水量增大，台湾暖流北上，以及杭州湾湾底特殊的地貌形态特征和海湾的喇叭状特征，导致这里出现涌潮现象，使得杭州湾海域营养物质丰富、水质肥沃、饵料生物丰富，为游泳生物提供了良好的栖息环境。

第四章
建议与展望

第一节　存在的问题

一、生态环境恶化

2003 年以来，杭州湾一直是中国沿海海湾中水质最差的海域之一。当前杭州湾水域污染存在以无机氮、活性磷酸盐为主，化学需氧量少量影响的污染情况，而且主要污染因子整体上呈现上升趋势。杭州湾全部海域均为劣四类海水，是浙江省重点港湾、河口海域水环境中营养盐污染程度严重的海域。其原因是长江、钱塘江、曹娥江及甬江等江河的径流每年携带大量的营养盐进入杭州湾海域，众多入海排污口也会带来庞大而复杂的污染物；杭州湾径流相对较小，再加上杭州湾特殊的喇叭形河口，削弱了径流对河口区域的冲刷力，降低了河口区域的水体稀释能力；此外，杭州湾水位每日两涨两落，水体半交换时间 50~90 d。上述各类因素使得杭州湾水体长期处于严重富营养化状态，且并无改善的趋势。

同时，杭州湾生态系统也处于不健康状态，浮游动物、底栖生物和鱼卵及仔鱼密度偏低，浮游植物群落结构简单，赤潮暴发频率逐年增加。随着环杭州湾产业带的逐步形成，沿杭州湾各类工农业开发园区和基地的围海造地需求不断增长，原生态滩涂湿地面积日益萎缩，生态系统稳定性降低，水体自净能力下降，湾内港口密集，各类船舶航运繁忙，也导致海域受污染的风险增加。人类对杭州湾的干扰越加强烈，杭州湾水生态则越加脆弱敏感。

二、水生生物资源枯竭

杭州湾环境污染和滥捕导致了生物资源的衰退和崩溃，许多种类已濒临灭绝。此外，不合理的围填海等人类活动致使一些独特的海洋生态系如滩涂遭到严重破坏；同时，海岸岸线改变、海水倒灌、咸水入侵等也改变了填海附近潮间带的基质、属性和水动力特性，导致潮间带生物栖息的生境性质改变，生态系统呈明显的脆性化趋势。自然形成的水生动物的产卵场、育苗场和越冬场等生境也受到影响而逐渐消失，种群补充和资源再生遭到破坏，导致生态系统的连锁反应，近岸海域生物种类不断减少，海域生物完整性下降，丰富度和海洋生物多样性减少，最终导致渔业资源质量严重下降，渔业资源面临枯竭，严重影响了杭州湾水生生物资源的发展和利用。

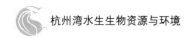

三、综合管理问题

从管理体制来看，由于杭州湾沿岸主要的几个城市分属上海和浙江，因此在管理方面难以协调。由于没有统一的可以协调两省份排污、治污的机构，导致两省份在排污和治污方面不能形成有效的配合，影响了杭州湾水污染防治的成效。依据我国现行的行政区划和行政体制，杭州湾分由海洋局、环保厅、钱塘江管理局等多个部门管理，管理部门之间信息封闭、力量分散、互不协调的现象一定程度上依然存在，陆海联动的海洋环境污染综合防治机制有待进一步推进和完善。可以说，当前杭州湾水污染虽然已经到了一个相当严重的地步，但是尚未有一个专门的管理机构综合协调杭州湾的水污染防治工作。

此外，海洋环境监管能力仍然不足。浙江省海洋环境监测网络还存在范围和要素覆盖不全、信息化水平和共享程度不高、各级监测经费保障不充分、监测与监管结合不紧密、海洋环境监测整体能力不足等问题，海洋环境风险管控和应急能力建设十分薄弱，海洋环保执法队伍、监管能力、管理手段存在明显短板，尤其是近岸养殖和海岸工程的环保监管能力亟待加强。

从制度创新的角度来看，杭州湾水污染的持续恶化，根本原因在于机制的缺失，重要生态区域划定及针对性保护、资源环境承载能力预警等生态环境保护制度滞后于监管需求。从国外发达国家水污染防治的经验来看，除了加强科技支持外，不断完善机制，通过制度创新形成机制保障，已经成为水污染防治成功的关键。杭州湾水污染防治目前由于产权、法律、公众参与、经济制度设计等多方面机制建设上存在诸多的不完善，从而使得杭州湾水污染防治几乎没有一个有效的保障机制，影响了防治效果。

第二节　环境管理与水生生物资源可持续利用建议

一、现有措施

在杭州湾水污染防治工作中，沿杭州湾的上海与浙江均在有关立法上进行了一定的完善。除了国家有关法律外，有关海洋水污染防治的法律法规有《浙江省海洋环境保护条例》（2004年）、《浙江省水污染防治条例》（2013年）等。在有关的政策、规划方面，有上海市的《环境保护和生态建设"十三五"规划》（2016年）、《浙江省海洋环境污染专项整治工作方案》（2016 年）、《浙江省近岸海域污染防治"十二五"规划》（2010 年）、《浙江省蓝色屏障行动方案》（2011 年）、杭州湾新区制定的《杭州湾新区生态环境保护专项规划及水污染防治规划》（2012 年）等。

二、建议与对策

（一）创新管理体制

建议成立杭州湾水生生物资源与环境保护领导小组，协调杭州湾沿岸省（直辖市）、市、县（区）环保、旅游、海洋、海事、港航、渔业、林业等涉及杭州湾水生生物资源与环境管理的相关部门，形成统一的管理机制，建立海洋生态环境保护领导负责制。部门之间要建立重大事项决策相互通报和协调机制，定期进行协商，各司其职、各负其责、团结协作、密切配合，将相关工作任务和责任落到实处。同时，积极推行海洋环境污染终身责任制，加强监督检查、考核评估和责任追究，有计划、有步骤地改善近岸海域生态环境质量。

（二）实施区域规划的环境影响评价

区域规划环境影响评价是指对区域政策、计划、项目 3 个层次的环境影响进行正式、系统和综合的评价，其评价结果将作为决策的重要依据。《中华人民共和国环境评价法》和环境评价指标标准，在很大程度上保证了每个独立项目在环境保护方面的可行性。但是，单个项目的环境影响评价有其局限性，它不能充分反映杭州湾区域内的综合环境影响。因此，为了克服项目环境影响评价的弱点，应在决策早期对给定区域内的所有规划项目进行环境影响评价，充分评估区域的累计环境影响，调整不合适的项目，使环境因素主动地影响决策，而不是被发展做出被动的选择。

（三）提升海洋环境监测能力

提升海洋环境现代化的执法能力建设，加强执法队伍、执法综合管理系统建设，提高执法人员综合素质和依法行政能力，加强执法装备建设，全面提升执法信息化水平。加强海洋环境监测基础能力建设，不断完善各级海洋环境监测机构的装备、污染物检测实验室建设，建设海上浮标自动监测系统、海洋生态环境卫星遥感监测系统等新型监测手段平台，利用物联网、智能传感器、云计算、数据挖掘、多元统计分析等技术，开发海洋环境质量监测数据综合分析工具与多维可视化表达工具，为各级政府和公众提供各类海洋环境质量监测综合分析数据产品服务，实现从监测信息到监测服务的跨越。加强海洋环境监测网络建设，持续开展杭州湾水质、沉积物和生物多样性环境质量状况监测，逐步开展对杭州湾沿岸入海直排口及邻近海域和入海河流的全覆盖监测，加强对杭州湾典型生态敏感海域和赤潮监控区的预警监测，提升对海洋溢油、化学品泄漏、赤潮、核事故等海洋环境灾害和突发事件的应急响应能力。

（四）建设海洋生态环境保护制度

积极探索建立健全多元化补偿机制，按照"谁受益、谁补偿"的原则，加快形成受益者付费、保护者得到合理补偿的运行机制。进一步扩大海洋生态红线制度试点成果，开展杭州湾海洋生态红线划定工作，最大限度保护自然岸线、海湾、海岛、湿地等海域自然资源。结合沿海经济发展的特点及产业发展的需求，细化管控措施，为红线区的生态环境保护提供依据。推进红线管理制度，规范海洋生态红线的划定、调整及监督管理。争取较大的市或省一级制定出台相关规章或规范性文件。

（五）加强陆源污染的控制与治理

严控陆源污染物入海，推进工业重污染行业整治，加快推进城镇污水处理提标改造、脱氮除磷等工作。深化直排海企业的污染整治，开展入海排污口监测和巡查，对未达标排放的入海排污口进行整治，全面清理非法或设置不合理的排污口以及经整治仍不能实现达标排放的排污口。加快推进沿杭州湾海工业园区污水集中处理工程建设和提标改造，建立重金属、有机物等有毒有害污染物排放企业的管控制度，引导园外企业向园区内集聚，最大限度消减零星企业向海域排放污染物。实施入海污染物总量控制、排放全面达标工程，系统调查面源、点源、养殖等污染物排放量，确定削减比例、削减总量等污染物总量控制目标任务，制订减排分解方案，按照科学、合理、完整、适用的原则，建立污染物排放总量控制指标体系。同步配备陆源污染物在线监测设备和海上环境在线监测设备，动态监督总量控制成效。

（六）加强生态环境保护与修复

加强现有各级各类海洋保护区建设，完善对海洋保护区的管理和保护，全面推进海洋自然保护区、海洋特别保护区的选划与建设工作，逐步建立区域性海洋生态系统保护网，加强重要保护区保护，严禁发生破坏自然岸线的行为，严格控制湾内围填海规模，保护海岸带湿地和自然岸线宝贵资源，恢复岸滩植被，严格控制水土流失，禁止过度开发、乱采滥捕，保护生物多样性，防止外来物种侵入。积极推进水产种质资源保护区、产卵场保护区建设，强化主要渔业资源种类"三场一通道"保护，大力推进海洋牧场建设。转变以捕捞为主的传统渔业结构，探索渔业发展的新路子，采取休渔政策，适当延长休渔期，并放置人工渔礁，加大渔业资源增殖放流，促进海洋重要渔业资源恢复。拆除或修缮海岸人工设施，恢复自然岸线及海岸原生风貌和景观。选择严重影响海岸生态环境的围海人工岸线区段，制订科学的工程方案，逐步恢复本底自然海岸的原生风貌和景观格局。在海水鱼类、虾类、蟹类养殖中普及推广配合饲料，并研究出台相关补助政策，积极开展陆基海水集约化循环水养殖工程建设，推进海水池塘的生态化改造，防止水产养殖污染。

（七）强化宣教监督

海洋生态环境保护工作涉及全社会，单凭某个部门的努力远远不够。目前，经过多年的宣传教育，虽然全民环境意识有了很大程度的提高，也认识到了环境保护的重要性，但却难以付诸行动。在现有宣教基础上，要继续在各级党校、行政学院开设海洋生态环境教育内容相关课程，重点加强对各级领导干部和企业经营管理人员的宣传教育，提高各级领导干部的海洋生态环境保护意识，协调生态环保与发展的综合决策能力及涉海行业人员的海洋生态环保意识。宣传手段上，要利用有线电视广播、宣传栏、报纸、网络等媒体大力开展多种形式的环保宣传教育，进一步加强《中华人民共和国环境保护法》《中华人民共和国海洋环境保护法》及有关防治海洋污染的法规的宣传和教育，增强公众海洋生态环保法治观念、维权意识和可持续发展思维，提高全民的海洋环境意识，使之自觉遵守有关的法律法规规定，热爱海洋，保护海洋生态。建立海洋环境监督网络和举报机制，鼓励公众参与海洋环保行动和环保监督，强化对海洋生态环境保护的舆论监督力度，建立完善舆论监督和公众监督机制。

（八）加强科技研究

积极发挥高校、科研院所等机构在杭州湾海洋污染防治控制、生态保护项目、海洋生物资源养护和海洋生态环境灾害监测预报预警系统等科技领域的新理论、新技术和新方法的研究和推广，探索港湾环境容量调查评估，推进海洋生态环境保护标准体系建设。开展深度脱氮除磷等水体污染综合治理关键技术研究和示范。加强海洋环境灾害关键预警预报技术研究与应用。探索建立海洋资源环境承载力预警机制，建立海洋资源环境预警数据库和信息技术平台。

附 录

附录一　浮游植物名录

门类	中文名	学名
蓝藻	颤藻属一种	*Oscillatoria* sp.
绿藻	单角盘星藻	*Pediastrum simplex*
	单角盘星藻具孔变种	*Pediastrum simplex* var. *duodenarium*
	纤维藻属一种	*Ankistrodesmus* sp.
甲藻	叉状角藻	*Ceratium furca*
	裸甲藻属一种	*Gymnodinium* sp.
	三角角藻	*Ceratium tripos*
	五角原多甲藻	*Protoperidinium pentagonum*
	夜光藻	*Noctiluca scintillans*
	原多甲藻属一种	*Protoperidinium* sp.
	纺锤角藻	*Ceratium fusus*
	偏转角藻	*Ceratium deflexum*
	具尾鳍藻	*Dinophysis caudata*
硅藻	爱氏辐环藻	*Actinocyclus ehrenbergii*
	北方劳德藻	*Lauderia borealis*
	并基角毛藻	*Chaetoceros decipiens*
	波罗的海布纹藻	*Gyrosigma balticum*
	波罗的海布纹藻中华变种	*Gyrosigma balticum* var. *sinensis*
	布氏双尾藻	*Ditylum brightwelli*
	粗壮双菱藻	*Surirella robusta*
	点状杆线藻	*Rhabdonema mirificum*
	钝脆杆藻	*Fragilaria capucina*
	蜂窝三角藻	*Triceratium favus*
	伏氏海毛藻	*Thalassiothrix frauenfeldii*
	覆瓦根管藻	*Rhizosolenia imbricata*
	刚毛根管藻	*Rhizosolenia setigera*
	高盒形藻	*Biddulphia regia*
	海洋角管藻	*Cerataulina pelagica*
	海洋斜纹藻	*Pleurosigma pelagicum*
	活动盒形藻	*Biddulphia mobiliensis*
	尖刺菱形藻	*Nitzschia pungens*
	具槽直链藻	*Melosira sulcata*
	卡氏角毛藻	*Chaetoceros castracanei*

（续）

门类	中文名	学名
硅藻	颗粒直链藻	*Melosira granulata*
	肋缝藻属一种	*Frustulia* sp.
	离心列海链藻	*Thalassiosira excentrica*
	菱形海线藻	*Thalassionema nitzschioides*
	菱形肋缝藻	*Frustulia rhomboids*
	菱形斜纹藻	*Pleurosigma rhombeum*
	菱形藻属一种	*Nitzschia* sp.
	洛氏角毛藻	*Chaetoceros lorenzianus*
	美丽盒形藻	*Biddulphia pulchella*
	美丽斜纹藻	*Pleurosigma formosum*
	南方星纹藻	*Asterolampra marylandica*
	扭曲小环藻	*Cyclotella comta*
	平片针杆藻	*Synedra tabulata*
	奇异菱形藻	*Nitzschia paradoxa*
	柔弱角毛藻	*Chaetoceros debilis*
	三舌辐裥藻	*Actinoptychus trilingulatus*
	太平洋海链藻	*Thalassiosira pacifica*
	太阳双尾藻	*Ditylum sol*
	泰晤士旋鞘藻	*Helicotheca tamesis*
	透明辐杆藻	*Bacteriastrum hyalinum*
	弯菱形藻	*Nitzschia sigma*
	弯菱形藻中型变种	*Nitzschia sigma* var. *intercedens*
	圆筛藻属一种	*Coscinodiscus* sp.
	蛇目圆筛藻	*Coscinodiscus argus*
	苏氏圆筛藻	*Coscinodiscus thorii*
	强氏圆筛藻	*Coscinodiscus janischii*
	琼氏圆筛藻	*Coscinodiscus jonesianus*
	威氏圆筛藻	*Coscinodiscus wailesii*
	细弱圆筛藻	*Coscinodiscus subtilis*
	线形圆筛藻	*Coscinodiscus lineatus*
	小型弓束圆筛藻	*Coscinodiscus curvatulus*
	小眼圆筛藻	*Coscinodiscus oculatus*
	星脐圆筛藻	*Coscinodiscus asteromphalus*
	有棘圆筛藻	*Coscinodiscus spinosus*
	有翼圆筛藻	*Coscinodiscus bipartitus*
	中心圆筛藻	*Coscinodiscus centralis*
	辐射圆筛藻	*Coscinodiscus radiatus*

（续）

门类	中文名	学名
硅藻	虹彩圆筛藻	*Coscinodiscus oculusiridis*
	细弱明盘藻	*Hyalodiscus subtilis*
	相似斜纹藻	*Pleurosigma affine*
	小环毛藻	*Corethron hystrix*
	斜纹藻属一种	*Pleurosigma* sp.
	旋链角毛藻	*Chaetoceros curvisetus*
	异角盒形藻	*Biddulphia heteroceros*
	意大利直链藻	*Melosira italica*
	圆海链藻	*Thalassiosira rotula*
	窄隙角毛藻	*Chaetoceros affinis*
	长海毛藻	*Thalassiothrix longissima*
	长菱形藻	*Nitzschia longissima*
	掌状冠盖藻	*Stephanopyxis palmeriana*
	针杆藻属一种	*Synedra* sp.
	中等辐裥藻	*Actinoptychus vulgaris*
	中华盒形藻	*Biddulphia sinensis*
	中肋骨条藻	*Skeletonema costatum*
	舟形藻属一种	*Navicula* sp.
	肘状针杆藻	*Synedra ulna*
	蛛网藻	*Arachnoidiscus ehrenbergii*

附录二　浮游动物名录

门类	中文名	学名/英文名
腔肠动物	灯塔水母	*Turritopsis nutricula*
	鲍氏水母	*Bougainvillia autumnalis*
	锥形多管水母	*Aequorea conica*
	锡兰和平水母	*Eirene ceylonensis*
	拟杯水母科	Phialuciidae
	两手筐水母	*Solmundella bitentaculata*
	五角水母	*Muggiaea atlantica*
	双生水母	*Diphyes chamissonis*
	球型侧腕水母	*Pleurobrachia globosa*
	真囊水母	*Euphysora bigelowi*
	崎状镰螅水母	*Zanclea costata*
	瓜水母	*Beroe cucumis*
桡足类	中华哲水蚤	*Calanus sinicus*
	微刺哲水蚤	*Canthocalanus pauper*
	小拟哲水蚤	*Paracalanus parvus*
	针刺拟哲水蚤	*Paracalanus aculeatus*
	精致真刺水蚤	*Enchaeta concinna*
	中华胸刺水蚤	*Centropages sinensis*
	背针胸刺水蚤	*Centropages dorsis pinatus*
	火腿许水蚤	*Schmackeria poplesia*
	真刺唇角水蚤	*Labidocera euchaeta*
	克氏唇角水蚤	*Labidocera kroyeri*
	左突唇角水蚤	*Labidocera sinilobata*
	太平洋纺锤水蚤	*Acartia pacifica*
	虫肢歪水蚤	*Tortanus vermiculus*
糠虾类	漂浮囊糠虾	*Gastrosaccus pelagicus*
	长额刺糠虾	*Acanthomysis longirostris*
涟虫类	三叶针尾涟虫	*Diastylis tricincta*
端足类	江湖独眼钩虾	*Monoculodes limnophilus*
	尖头蛾属一种	*Oxycephalus* sp.
十足类	中国毛虾	*Acetes chinensis*
	亨生莹虾	*Lucifer hanseni*

（续）

门类	中文名	学名/英文名
磷虾类	中华假磷虾	*Pseudeuphausia sinica*
毛颚动物	肥胖箭虫	*Sagitta enflata*
	强壮箭虫	*Sagitta crassa*
	百陶箭虫	*Sagitta bedoti*
	海龙（拿卡）箭虫	*Sagitta nagae*
浮游幼体	水母幼体	Medusae larvae
	多毛类幼体	Polychaeta larvae
	磁蟹溞状幼体	Porcellana zoea larvae
	短尾类大眼幼体	Brachyura megalopa larvae
	短尾类溞状幼体	Brachyura zoea larvae
	长尾类幼体	Macrura larvae
	阿利玛幼体	Alima larvae
	鱼卵	Fish eggs
	仔鱼	Fish larvae
	幼螺	Gastropod post larvae

附录三　底栖生物名录

门类	中文名	学名
纽形动物	纽虫	*Nemertini* spp.
多毛类	加州齿吻沙蚕	*Aglaophamus californiensis*
	长吻吻沙蚕	*Glycera chirori*
	日本刺沙蚕	*Neanthes japonica*
	异足索沙蚕	*Lumbrineris heteropoda*
	智利巢沙蚕	*Diopatra chiliensis*
	不倒翁虫	*Sternaspis scutata*
软体动物	小荚蛏	*Siliqua minima*
	纵肋织纹螺	*Nassarius variciferus*
	红带织纹螺	*Nassarius succinctus*
	焦河篮蛤	*Potamocorbula ustulata*
棘皮动物	滩栖阳遂足	*Amphiura vadicola*
	海地瓜	*Acaudina molpadioides*

附录四　潮间带底栖生物名录

门类	中文名	学名
多毛类	不倒翁虫	*Sternaspis scutata*
	智利巢沙蚕	*Diopatra chiliensis*
	长吻吻沙蚕	*Glycera chirori*
软体动物	齿纹蜑螺	*Nerita yoldi*
	红螺	*Rapana bezoar*
	红带织纹螺	*Nassarius succinctus*
	秀丽织纹螺	*Nassarius festivus*
	纵肋织纹螺	*Nassarius variciferus*
	圆筒原盒螺	*Eocylichna cylindrella*
	泥螺	*Bullacta exarata*
纽形动物	纽虫	*Nemertini* spp.
甲壳动物	日本鼓虾	*Alpheus japonicus*
	日本对虾	*Penaeus japonicus*
	海蟑螂	*Ligia exotica*
	豆形拳蟹	*Philyra pisum*
	日本大眼蟹	*Macrophthalmus japonicus*
	痕掌沙蟹	*Ocypode stimpsoni*
	宽身大眼蟹	*Macrophthalmus dilatatum*
	伍氏厚蟹	*Helice japonica*
	红螯相手蟹	*Labuanium rotundatum*
	四齿大额蟹	*Metopograpsus frontalis*
	褶痕相手蟹	*Sesarma pictum*
	弧边招潮蟹	*Uca arcuata*
	日本蟳	*Charybdis japonica*
鱼类	大弹涂鱼	*Boleophthalmus pectinirostris*

附录五　鱼卵和仔鱼名录

中文名	学名
鲱形目	Clupeiformes
鲱科	Clupeidae
鳓	*Ilisha elongata*
斑鰶	*Konosirus punctatus*
鳀科	Engraulidae
鳀	*Engraulis japonicus*
凤鲚	*Coilia mystus*
康氏小公鱼	*Stolephorus commersonnii*
灯笼鱼目	Myctophiformes
狗母鱼科	Synodomtidae
狗母鱼属一种	*Synodus* sp.
鲻形目	Mugiliformes
鲻科	Mugilidae
棱鲛	*Liza carinaius*
鲈形目	Perciformes
石首鱼科	Sciaenidae
棘头梅童鱼	*Collichthys lucidus*
小黄鱼	*Pseudosciaena polyactis*
大黄鱼	*Pseudosciaena crocea*
叫姑鱼	*Johnius grypotus*
带鱼科	Trichiuridae
带鱼	*Trichiurus lepturus*
鰕虎鱼科	Gobiidae
六丝矛尾鰕虎鱼	*Chaeturichthys hexanema*
矛尾鰕虎鱼	*Chaeturichthys stigmatias*
栉孔鰕虎鱼	*Tenotrypauchen chinensis*
黄鳍刺鰕虎鱼	*Acanthogobius flavimanus*
鳗鰕虎鱼科	Taenioididae
鳗鰕虎鱼属一种	*Taenioides* sp.
鱚科	Sillaginidae
多鳞鱚	*Sillago sihama*
鮨科	Callionymoidei
香鮨	*Repomucenus olidus*
鲽形目	Pleuronectiformes
舌鳎科	Cynoglossidae
焦氏舌鳎	*Arelicus joyneri*
鳕形目	Gadiformes
犀鳕科	Bregmacerotidae
犀鳕属一种	*Bregmaceros* sp.

附录六　游泳动物名录

中文名	学名
鲱形目	Clupeiformes
黄鲫	*Setipinna tenuifilis*
刀鲚	*Coilia ectenes*
凤鲚	*Coilia mystus*
鳀	*Engraulis japonicus*
青鳞小沙丁鱼	*Sardinella zunasi*
仙女鱼目	Aulopiformes
龙头鱼	*Harpadon nehereus*
鲻形目	Mugiliformes
鮸	*Miichthys miiuy*
鲈形目	Perciformes
白姑鱼	*Argyrosomus argentatus*
黄姑鱼	*Albiflora croaker*
棘头梅童鱼	*Collichthys lucidus*
小黄鱼	*Pseudosciaena polyactis*
带鱼	*Trichiurus lepturus*
鳄鲬	*Cociella crocodilus*
红娘鱼	*Lepidotrigla microptera*
矛尾鰕虎鱼	*Chaeturichthys stigmatias*
红狼牙鰕虎鱼	*Odontamblyopus rubicundus*
髭缟鰕虎鱼	*Tridentiger barbatus*
孔鰕虎鱼	*Trypauchen vagina*
四指马鲅	*Eleutheronema tetradactylum*
乌鲳	*Parastromateus niger*
银鲳	*Pampus argenteus*
多鳞鱚	*Sillago sihama*
鲇形目	Siluriformes
中华海鲇	*Arius sinensis*
鳗鲡目	Anguilliformes
海鳗	*Muraenesox cinereus*
鲽形目	Pleuronectiformess
焦氏舌鳎	*Cynoglossus joyneri*

（续）

中文名	学名
宽体舌鳎	*Cynoglossus robustus*
半滑舌鳎	*Cynoglossus semilaevis*
鲀形目	Tetraodontiformes
绿鳍马面鲀	*Thamnaconus modestus*
黄鳍东方鲀	*Takifugu xanthopterus*
十足目	Decapoda
安氏白虾	*Exopalaemon annandalei*
刀额仿对虾	*Parapenaeopsis cultrirostris*
葛氏长臂虾	*Palaemon gravieri*
哈氏仿对虾	*Parapenaeopsis harbwickii*
周氏新对虾	*Metapenaeus joyneri*
脊尾白虾	*Anchisquilla fasciata*
口虾蛄	*Oratosquilla oratoria*
日本鼓虾	*Alpheus japonicus*
细螯虾	*Leptochela gracilis*
鲜明鼓虾	*Alpheus distinguendus*
中国对虾	*Penaeus chinensis*
中华管鞭虾	*Solenocera crassicornis*
三疣梭子蟹	*Portunus trituberculatus*
红星梭子蟹	*Portunus sanguinolentus*
日本关公蟹	*Dorippe japonica*
豆形拳蟹	*Pyrhila pisum*
日本蟳	*Charybdis japonica*
狭颚绒螯蟹	*Eriochier leptognathus*
中华绒螯蟹	*Eriochier sinensis*
软体动物	Mollusca
织纹螺科一种	Nassariidae
缢蛏	*Sinonovacula constricta*
乌贼属一种	*Loligo* sp.
鱿鱼科一种	Octopodidae

参 考 文 献

蔡燕红，2006. 杭州湾浮游植物生物多样性研究 [D]. 青岛：中国海洋大学.

蔡燕红，张海波，2006. 杭州湾生态监控区浮游植物多样性研究 [J]. 浙江海洋学院学报（自然科学版），25（3）：327-330.

蔡燕红，张海波，王晓波，等，2006. 杭州湾生态监控区浮游动物多样性研究 [J]. 海洋环境科学，25（s1）：67-71.

曹颖，林炳尧，2000. 杭州湾潮汐特性分析 [J]. 浙江水利水电学院学报，12（3）：16-25.

曹永芳，1981. 长江口杭州湾潮汐特性的研究 [J]. 海洋科学，5（4）：6-9.

陈吉余，1989. 中国海岸发育过程和演变规律 [M]. 上海：上海科学技术出版社.

陈清朝，章淑珍，1965. 黄海和东海的浮游桡足类Ⅰ. 哲水蚤目 [J]. 海洋科学集刊，7：20-131.

陈清朝，章淑珍，1974. 黄海和东海的浮游桡足类Ⅰ. 剑水蚤目和猛水蚤目 [J]. 海洋科学集刊，9：27-100.

陈瑞祥，林景宏，1995. 中国海洋浮游端足类 [M]. 北京：海洋出版社.

董永发，1991. 杭州湾底质的粒度特征和泥沙来源 [J]. 上海国土资源，12（3）：44-51.

堵盘军，2007. 长江口及杭州湾泥沙输运研究 [D]. 上海：华东师范大学.

冯应俊，李炎，1990. 杭州湾地貌及沉积界面的活动性 [J]. 海洋学报，12（2）：213-223.

高欣，2006. 杭州湾湿地生物多样性及其保护 [J]. 沈阳师范大学学报（自然科学版），24（1）：92-95.

耿姗姗，2011. 长江口杭州湾海洋动力要素对风场响应的 FVCOM 模拟研究 [D]. 南京：南京信息工程大学.

耿兆铨，倪勇强，程杭平，等，2000. 杭州湾盐度计算研究 [C]. 全国水动力学研讨会. 北京：海洋出版社.

郭艳霞，2005. 钱塘江河口湾海岸湿地沉积地貌研究 [D]. 上海：同济大学.

国家海洋局，2016.2015 年中国海洋环境质量公报 [R]. 北京：国家海洋局.

黄备，吴健平，唐静亮，等，2010. 杭州湾浮游动物群落与水团的相关性研究 [J]. 海洋学报，32（1）：170-175.

黄广，2007. 长江口、杭州湾水沙交换与输移特征研究 [D]. 上海：华东师范大学.

黄宗国，1994. 中国海洋生物种类与分类 [M]. 北京：海洋出版社.

贾海波，邵君波，曹柳燕，2014. 杭州湾海域生态环境的变化及其发展趋势分析 [J]. 环境污染与防治，36（3）：14-25.

贾海波，唐静亮，胡颢琰，2014.1992—2012 杭州湾海域生物多样性的变化趋势及原因分析 [J]. 海洋学报，36（12）：111-118.

贾晓平，杜飞雁，林钦，等，2003. 海洋渔场生态环境质量状况综合评价方法探讨 [J]. 中国水产科学，10（2）：160-164.

蒋科毅，吴明，邵学新，等，2013. 杭州湾及钱塘江河口南岸滨海湿地鸟类群落多样性及其对滩涂围垦的响应 [J]. 生物多样性，21（2）：214 - 223.

焦俊鹏，2001. 杭州湾及其邻近海域环境现状研究 [D]. 上海：上海水产大学.

金德祥，陈金环，黄凯歌，1965. 中国海洋浮游硅藻类 [M]. 上海：上海科学技术出版社.

孔俊，2005. 长江口、杭州湾水沙交换特性初步研究 [D]. 南京：河海大学.

李保华，2005. 冰后期长江下切河谷体系与河口湾演变 [D]. 上海：同济大学.

李荣冠，2003. 中国海陆架及邻近海域大型底栖生物 [M]. 北京：海洋出版社.

林双淡，张水浸，蔡尔西，等，1984. 杭州湾北岸软相潮间带底栖动物群落结构的分析 [J]. 海洋学报，6（2）：235 - 243.

刘朝，2016. 钱塘江流域河流表层沉积物特征及物源分析 [D]. 上海：华东师范大学.

刘朝，师育新，戴雪荣，等，2016. 钱塘江河口区不同河段表层沉积物粒度特征及其对水动力的响应 [J]. 华东师范大学学报（自然科学版），6：182 - 191.

倪勇强，耿兆铨，朱军政，2003. 杭州湾水动力特性研讨 [J]. 水动力学研究与进展，18（4）：439 - 445.

庞敏，周青松，俞存根，等，2015. 杭州湾海域春秋季虾蟹类群落结构及生物多样性分析 [J]. 浙江海洋学院学报（自然科学版），1：1 - 8.

秦铭俐，蔡燕红，王晓波，等，2009. 杭州湾水体富营养化评价及分析 [J]. 海洋环境科学，28（a01）：53 - 56.

茹荣忠，蒋胜利，1985. 杭州湾的波浪概况 [J]. 海洋学研究，3（2）：38 - 44.

沈新强，袁骐，2011. 杭州湾增殖放流海域游泳动物群落结构特征分析 [J]. 海洋渔业，33（3）：251 - 257.

沈新强，周永东，2007. 长江口、杭州湾海域渔业资源增殖放流与效果评估 [J]. 渔业现代化，34（4）：54 - 57.

寿鹿，曾江宁，廖一波，等，2012. 杭州湾大型底栖动物季节分布及环境相关性分析 [J]. 海洋学报，34（6）：151 - 159.

唐启升，2006. 中国专属经济区海洋生物资源与栖息环境 [M]. 北京：科学出版社.

王建华，杨元平，吴修广，等，2013. 钱塘江河口（杭州湾段）考察调研报告 [J]. 浙江水利科技，41（2）：1 - 11.

王俊，李洪志，2002. 渤海近岸叶绿素和初级生产力研究 [J]. 海洋水产研究，23（1）：23 - 28.

王淼，洪波，孙振中，2016a. 春、夏季杭州湾口门区鱼类资源数量与多样性的时空分布特征 [J]. 中国农学通报，32（20）：11 - 16.

王淼，洪波，张玉平，等，2016b. 春季和夏季杭州湾北部海域鱼类种群结构分析 [J]. 水生态学杂志，37（5）：75 - 81.

王天厚，钱国桢，1987. 长江口及杭州湾北部滩涂的生物群落特征分析 [J]. 生态学杂志，2：35 - 38.

王永顺，胡杰，黄鸣夏，等，1984. 杭州湾海蜇群体的生态调查 [J]. 海洋学研究，2（2）：53 - 57.

魏崇德，陈永寿，1991. 浙江动物志（甲壳类）[M]. 杭州：浙江科学技术出版社.

吴明，2004. 杭州湾滨海湿地现状与保护对策 [J]. 林业资源管理，6：44 - 47.

谢东风，潘存鸿，曹颖，等，2013. 近50年来杭州湾冲淤变化规律与机制研究 [J]. 海洋学报，35（4）：121 - 128.

谢钦春，李全兴，1992. 浙江省海岸侵蚀及防治概述［J］. 海洋学研究，10（3）：33-34.

谢旭，俞存根，周青松，等，2013. 杭州湾海域春、秋季鱼类种类组成和数量分布［J］. 海洋与湖沼，44（3）：656-663.

杨金中，李志中，赵玉灵，2002. 杭州湾南北两岸岸线变迁遥感动态调查［J］. 国土资源遥感，1：23-28.

杨士瑛，国守华，1985. 杭州湾区的气候特征分析［J］. 海洋学研究，3（4）：16-26.

张伯虎，曹颖，2013. 钱塘江河口（杭州湾段）的自然特性分析［J］. 浙江水利科技，41（2）：61-63.

张桂甲，李从先，1996，冰后期钱塘江河口湾地区的海陆相互作用［J］. 海洋通报，15（2）：43-49.

张海波，2009. 杭州湾海洋生物多样性和生态系统健康评价研究［D］. 杭州：浙江工业大学.

张水浸，林双淡，江锦祥，等，1986. 杭州湾北岸潮间带生态研究Ⅱ. 软相底栖动物群落的变化［J］. 生态学报，6（3）：63-71.

章渭林，1989. 杭州湾潮波特性及影响因素的讨论［J］. 海洋通报，8（1）：1-10.

赵传铟，1985. 中国近海鱼卵与仔鱼［M］. 上海：上海科学技术出版社.

浙江省海洋与渔业局，2015. 2015年浙江省海洋环境质量公报［R］. 杭州.

郑重，李少菁，许振祖，2002. 海洋浮游生物学［M］. 北京：科学出版社.

中国海湾志编纂委员会，1993. 中国海湾志（第六分册）［M］. 北京：海洋出版社.

周燕，龙华，余骏，2009. 应用大型底栖动物污染指数评价杭州湾潮间带环境质量［J］. 海洋环境科学，28（5）：473-477.

周燕，赵聪蛟，余骏，等，2009. 杭州湾滨海滩涂湿地资源现状、问题与对策［J］. 海洋开发与管理，26（7）：116-121.

朱启琴，1988. 长江口、杭州湾浮游动物生态调查报告［J］. 水产学报，12（2）：111-123.

朱玉荣，2000. 冰后期最大海侵以来长江，钱塘江河口湾发育过程的沉积动力学研究［J］. 海洋地质与第四纪地质，20（2）：1-6.

朱元鼎，1963. 东海鱼类志［M］. 北京：科学出版社.

邹景忠，董丽萍，秦保平，1983. 渤海湾富营养化和赤潮问题的初步探讨［J］. 海洋环境科学，2（2）：41-54.

邹涛，2008. 长江口、杭州湾及其邻近海域的拉格朗日环流的数值模拟研究［D］. 青岛：中国海洋大学.

Beukema J J，Cadā E G C，2012. Zoobenthos responses to eutrophication of the Dutch Wadden Sea［J］. Ophelia，26（1）：55-64.

Cadée G C，Hegeman J，1974. Primary production of phytoplankton in the Dutch Wadden［J］. Netherlands Journal of Sea Research，8（2-3）：240-259.

Gili J M，Sardá R，Madurell T，Rossi S，2014. Zoobenthos. In：Goffredo S，Dubinsky Z.（eds）The Mediterranean Sea［M］. Dordrecht：Springer Netherlands.

Graneli E，1999. Effects of N：P：Si ratios and zooplankton grazing on phytoplankton communities in the northern Adriatic Sea. I. Nutrients，phytoplankton biomass，and polysaccharide production［J］. Aquatic Microbial Ecology，18（1）：37-54.

Humborg C，Conley D J，Rahm L，et al.，2000. Silicon retention in River Basins：Far-reaching effects on biogeochemistry and aquatic food webs in coastal marine environments［J］. A Journal of the Human Enviroment，29（1）：45 – 50.

Ryther J H，Yentsch C S，1957. The estimation of phytoplankton production in the ocean from chlorophyll and light data ［J］．Limnology and Oceanography，3（2）：281 – 286.

作者简介

李 磊 男，1983 年生，安徽亳州人，毕业于国家海洋局第二海洋研究所，目前就职于中国水产科学研究院东海水产研究所，主要从事海洋生态环境监测与评估工作。主持或作为技术骨干参与了国家重点基础研究发展计划（"973 计划"）项目、农业部专项项目、上海市科学技术委员会项目及国家自然基金项目等，发表 SCI 收录论文15 篇、中文核心期刊论文 60 余篇，获国家授权发明专利12 项、实用新型专利 40 余项。入选中国水产科学研究院"百名科技英才培育计划"，获得上海市海洋科技进步奖一等奖、中国水产科学研究院科技进步奖二等奖、上海市职工发明竞赛银奖等多项荣誉。